建筑艺术的语言

刘先觉◎著

江蘇鳳凰教育出版社
Phoenix Education Publishing, Ltd

图书在版编目（CIP）数据

建筑艺术的语言 / 刘先觉著. — 南京：江苏凤凰教育出版社，2020.7（2022.1重印）

ISBN 978-7-5499-8816-7

Ⅰ.①建… Ⅱ.①刘… Ⅲ.①建筑艺术－世界－青少年读物 Ⅳ.①TU-861

中国版本图书馆CIP数据核字（2020）第111915号

书　　名	建筑艺术的语言
作　　者	刘先觉
策　　划	钱元元
责任编辑	周　红
责任校对	李晓玉
装帧设计	李广发
出版发行	江苏凤凰教育出版社（南京市湖南路1号A楼　邮编210009）
苏教网址	http://www.1088.com.cn
照　　排	江苏凤凰制版有限公司
印　　刷	江苏凤凰盐城印刷有限公司
厂　　址	盐城市纯化路29号，邮编：224001
开　　本	787mm×1092mm 1/16
印　　张	14.5
字　　数	200千字
版　　次	2020年7月第1版
印　　次	2022年1月第3次印刷
书　　号	ISBN 978-7-5499-8816-7
定　　价	48.00元
网店网址	http://jsfhjycbs.tmall.com
公 众 号	苏教服务（微信号：jsfhjyfw）
邮购电话	025-85406265，025-85400774，短信02585420909
盗版举报	025-83658579

再版前言

今年的世界读书日来临之际，教育部发布了《中小学生阅读指导目录（2020年版）》，我的父亲刘先觉20多年前为青少年写作的这本《建筑艺术的语言》被专家推荐列入其中。看到这本书拥有这样持久的生命力，作为后人，我感到非常高兴，也很感谢当年为这本书的策划、编辑与出版付出了辛勤劳动的江苏教育出版社的各位老师。

建筑与人们的日常生活密不可分，关系到我们的居住、学习、办公、生产、休闲、餐饮、购物、会议、展览、演出、医疗、交通出行等各个方面，其扑面而来带给我们的，就是建筑艺术最直接的表达。虽然建筑不会说话，但它的语言就体现在带给人们的不同感受中。你会感受到建筑的雄伟庄严或玲珑别致，也会感受到建筑之间的和谐一致或格格不入。你与建筑的语言交流就沉浸在这种默默的感受之中。

《建筑艺术的语言》就是要为青少年读者揭开这一语言的谜底，在对谜底的探索过程中，引发读者对建筑艺术的追求与向往，对某种建筑艺术形式产生的实用需求、环境需求、社会需求、精神文化需求以及社会生产力水平、技术发展水平等众多影响因素的探究兴趣，也为有志于成为建筑师的青少年读者提供一个兴趣指引。它更像是一个思维导图，引导读者系统化地进入建筑艺术的世界。

建筑艺术的语言来自哪里？为什么有的建筑享誉世界，

而有的建筑默默无闻？这就涉及建筑师对建筑本身用途的理解，对建筑所体现的社会文化和个体精神的理解，以及对空间表达艺术、形象表达艺术、图形纹饰的社会含义、工程技术和材料技术可实现程度等多种技术因素的掌握。

语言是思维和精神感受的表达载体，而建筑的语言是通过其外观形象和艺术形式来向人们表达的。建筑的形式、布局恰恰表达了建筑师的某种主观理念和意识。这种理念和意识来自哪里？其实用的部分来自用户的需求，而艺术的部分则更多地来自建筑师历史、文学、艺术、社会文化、科技知识的积淀与修养。一个有生命力的建筑，一定是各种因素恰如其分的表达。

建筑是工程和艺术的结合，建筑师工作的重点在于设计，但又离不开工程。脱离了现代技术支持的异想天开的设计，只能是空中楼阁。所以，现代工程技术与材料技术的现实水平也是建筑师不可或缺的知识构成。

最后，真诚地希望这本书能够对青少年读者的未来发展有所启迪。本书再版过程中，东南大学建筑学院汪晓茜老师在图片更新方面给予了专业指导，在此一并表示感谢！

刘　航

2020 年 5 月于北京

目录

第一章

形形色色的建筑艺术

第一章 形形色色的建筑艺术

哪里有人生活，哪里就有建筑。我们无时无刻不在建筑内外行走，任何时候也都离不开建筑；我们需要在建筑中居住、学习、工作、开会、表演，还需要在建筑中进行商业的买卖、体育比赛、宗教仪式等各种社会活动。为了生活的需要，人们创造了各种各样的建筑；同时，建筑也在历史的长河中哺育了人类的成长。人是万物之灵，在生活之中，不仅有物质的需要，同时还有爱美的天性，这就使建筑在物质的基础上带有了艺术的色彩。

此处无声胜有声

当你走到湖边，看见一座水榭，湖光倒影，鱼莲相映，周围山花碧树，顿觉心旷神怡。为了与湖面相呼应，水榭大多做得玲珑通透，装修精致，使人感到轻巧开朗。你会情不自禁地去留影纪念，也可能会凭栏观赏。如果你去名山旅游，走在山间曲折的石级上，忽然发现前面有一座小亭，你会迫不及待地走上去憩息，此时往往倍感亲切。为了与自然野趣协调，山亭常常做成石柱石梁与飞檐翘角，更能增加几分飘逸浪漫的风韵。在这里，建筑恰如画龙点睛，既满足人们的需要，又为风景增色，这就是建筑艺术的魅力。

建筑艺术的特征

建筑可以组成村庄，也可以组成城市；建筑有自身的艺术，也有群体的艺术；建筑有形式美，也有空间美；建筑外部需要有感人的艺术造型，建筑的内部同样要有宜人的优美环境。不同的建筑类型，会让你感到不同的艺术气氛。住宅往往温馨怡人，宫殿多半雄伟壮丽，娱乐建筑常常外形轻快活泼，教堂、庙宇则会使你肃然起敬。

建筑虽然大多首先要满足使用的要求，但它的艺术作用也是绝不可忽视的，有时甚至会变成首要的因素。它不仅可以使你获得美感，而且还能产生强烈的艺术感染力。例如当你走到一座纪念碑前，你往往会对历史浮想联翩，会自动缅怀先烈的业绩，更会为高大抽象的碑体艺术所折服。教堂类的建筑则更令人注目。在罗马的圣彼得大教堂前，每当一个月最后一周的星期日中午，成千上万的人集中在广场上，对着巨大的柱廊等待教皇的祝福。12 点的钟声响起，教皇在楼上窗口出现了，清晰的声音通过麦克风回响在椭圆形的广场上，人群顿时一片寂静，此时此刻的氛围显得多么神圣庄严，怎不使人顶礼膜拜。正是这种氛围和建筑艺术的感染力，吸引了无数的观光者。

建筑可以有各种分类的方法，各种分类又有不同的类型，各种类型都有自身的艺术特色，而且各种类型的建筑艺术又随着不同时代、不同地区各有不同的风格。因此，建筑艺术的世界，真是一个丰富多彩的百花园。

1. 富有地方特色的中国民居

中国传统的民居，地方色彩非常浓厚。江南地区多半是粉墙青瓦，屋顶上常做有两头翘起的轻快屋脊，端头有时还会做成皮条脊、哺鸡脊、云头脊、甘蔗脊等式样，门窗花纹与做工都很精巧，反映了江南人杰地灵的特色。在一些大户人家，住宅往往做成许多进房屋，形成垂直的一长条，每两进房屋之间有一个天井，后面还常有私家花园。这些大宅第往往自南朝北分别设有门厅、轿厅、大厅、女厅，形成一条轴线，旁边还有花厅、书房之类。卧室多设在女厅两侧或布置在楼上。这种形式我们可以称之为集合式民居，典型的例子可以从苏州的网师园和

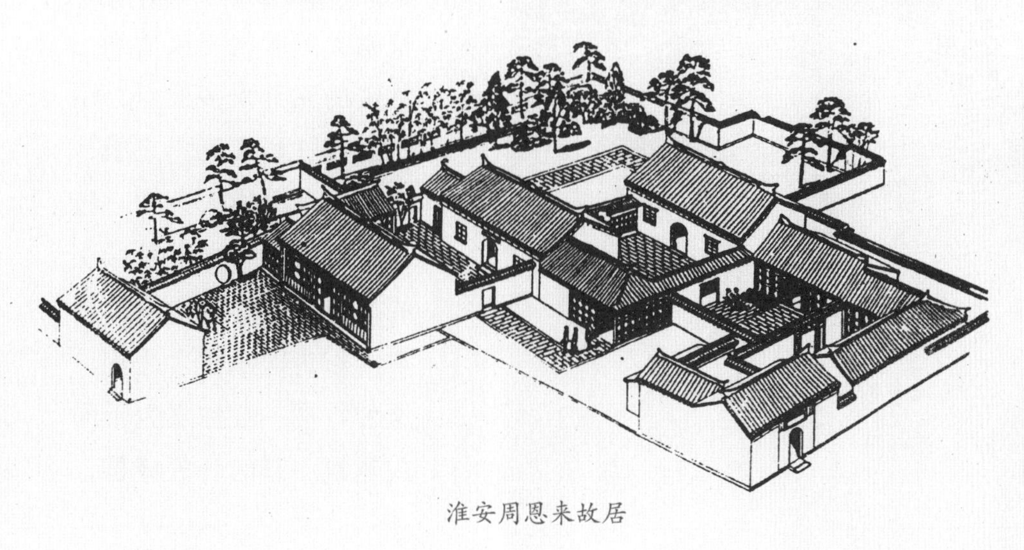

淮安周恩来故居

淮安的周恩来故居中清楚地看到。

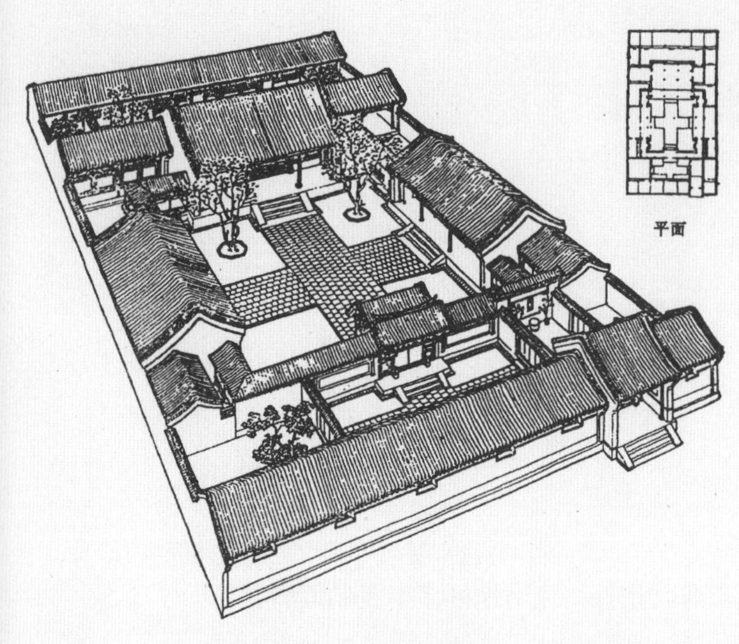

北京典型四合院住宅

北方的民居就比较浑厚朴实，外部常常做成青砖墙面，入口是带有一对抱鼓石的大门，进入里面是一个大四合院，院中植有花木，营造出安静的居住环境。有些大一点的宅子，还在大门之后设有一道垂花门，既有进一步分隔的作用，又能成为民居装饰的重点，显示房屋主人的身份。

云南西双版纳一带的傣族民居则又是另一番风韵，热带的气候使当地居民不必顾虑冬天的风雪，他们传统的竹楼组成了一幅幅美丽的南国风情画。竹楼的底部大多架空，用作圈养牲畜和鸡鸭之类，还有一部分堆放杂物。楼上开敞的房间主要是居住的地方，也常常留出一些空间作为贮藏粮食之用。这种竹楼一般称之为干阑式建筑。有的三五成群，

西双版纳傣族干阑式住宅

有的集中成一个村寨，形式轻快开敞，造型淳朴，往往使观光者流连忘返。

藏族的民居就和傣族的大不相同了，因为修建在高原地带，所以多半用块石墙与平屋顶，建筑组合高低错落，粗犷厚实的建筑形象充分反映了雪山雄鹰的风格。

四川马尔康市藏族住宅

新疆与内蒙古一带的少数民族，至今仍有不少保持着蒙古包的居住形式。圆形的平面用许多支架搭成，它可以适应随时迁居的游牧需要。当你看到这些毡包，就会想到“天苍苍，野茫茫，风吹草低见牛羊”的意境，就会联想起一幅美丽的北国风情画。

在我国东北与西南的森林地区，不少山民至今仍就地取材，利用圆木交叉建成小屋，连屋顶也大多利用树皮做成。这种建筑的式样，我们称之为井干式，也可适用于林区工作站与林区的小型商业网点。它给人的印象就是建筑来自大地，民居和大自然融为一体。

在西北黄土高原地区，还有一种民居称之为窑洞，它是利用黄土山地横向开挖而成的居室。有些地方还进一步垂直挖成一个方形的地下大院，院内有露天梯级沿边上下，然后再从大院内向四壁开挖各户

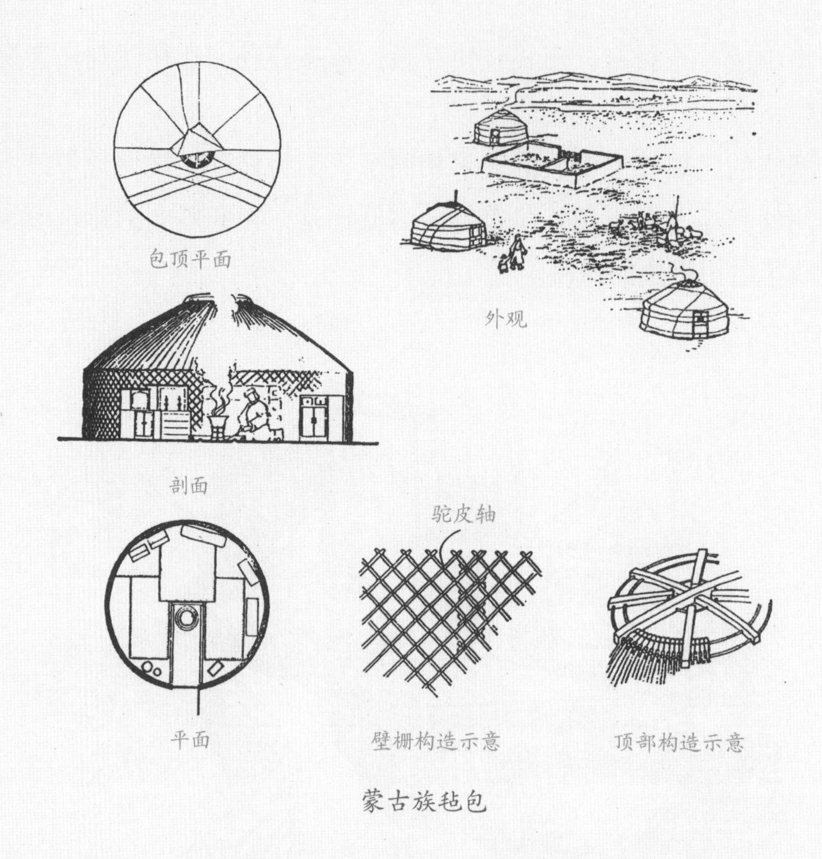

蒙古族毡包

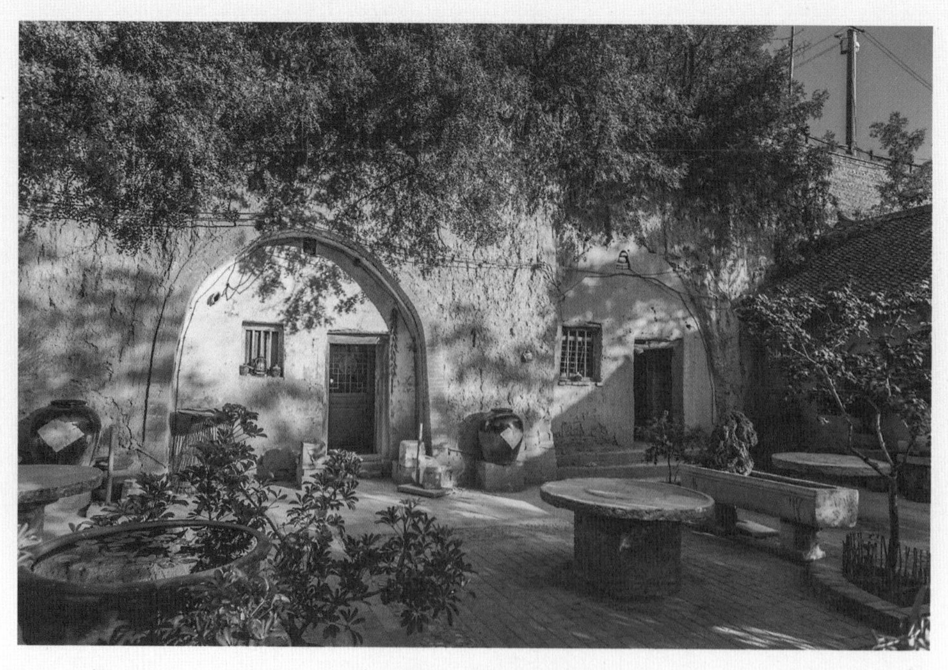
我国西北地区的窑洞

的居室，俨然是一种地下式的四合院布局。这种生土建筑冬暖夏凉，地面上还可以种植庄稼，既节约土地，又有利于绿化和耕地保护，形式也多种多样，是一种空间艺术的巧妙构思。我国目前尚有不少人居住在这种窑洞内，有的已经改进了通风和空间的处理，使室内环境得到明显改善。

除了上述各种民居形式之外，在福建一带还有一种特殊的客家住宅——土楼。一个宗族的居民全部集中在一幢大的土楼里，这种土楼有的高达四五层，全用生土夯筑，不用砖石，坚固异常，很像中原一带的大型村寨。这种客家土楼比较典型的样式可以在福建永定地区看到。那里的土楼有方形与圆形两种，也有前方后圆的式样。最大的圆形土楼直径可达 70 多米，里面共有三层，高度由外环向中心递减，房间总数达到 300 余间。这种宗族聚居的土楼是先民们从北方迁居南下时为了安全防御和便于集中管理而采用的一种居住方式。永定的客家土楼多分布在乡间，三五成群，也有成片自由组合的。远远望去，甚为壮观，它那简洁的几何形体无异于现代的抽象艺术构图，在技术与艺术上都让人叹为观止。

永定土楼

2. 富有欧洲传统的西方民居

在西方的一些国家里，由于自然环境与风俗民情的不同，各个国家都有自己独特的建筑艺术，尤其各国的民居，造型各异，带有强烈的民族性与地域性。

英国地处欧洲西部，终年雨水丰富，冬季常有积雪，因此英国的民间住宅屋顶常常做成高高的陡坡，有时坡度大于60度，以便于冬季积雪下滑。为了利用屋顶上部的空间，在这部分屋顶内大多做有阁楼，屋顶上点缀着一个个小小的老虎窗，远远望去轮廓十分明显。住宅多为一两层，外墙上常常做有露明的褐色构架，中间用木板或砖块填充，外面再粉刷成白色，显得古朴典雅，尤其是在古镇的小街上，联排的传统英国民居能使你发思古之幽情。如果你驱车来到乡间，还常常可以看到一些农家村舍，它们是用厚厚的茅草屋顶和整齐的砖墙建成的，小小的窗户与屋顶上一排高高的烟囱形成对比。从原野上望去，也是一幅幅优美的田园风景画。

西班牙在北大西洋南端，气候温和，又有大量的海岸线，那里的建筑既有欧洲建筑的传统，又受到伊斯兰文化的影响，其民居在欧洲独树一帜，颇具异彩。一般住宅都是坡度平缓的屋顶，上面铺着西班牙特有的红圆筒瓦，墙壁外面一般粉刷成米黄色，屋顶出檐极少，在檐墙与山墙顶部常常做有一排连续的小券装饰，起着屋顶到墙身的过渡作用。门廊和南面的大窗是重点装饰的部位，往往立有两根形式各异的柱子，有的做成麻花形，有的做成罗马古典的柱式；柱上常冠有半圆形券，有时窗下还做有阳台栏杆，阳光照耀，绿树掩映，颇有诗情画意。无怪乎许多富豪别墅至今仍迷恋于西班牙式的民居传统。

法国曾是欧洲政治、文化的中心，它的民居更是丰富多彩。中世纪留下的哥特式建筑传统，至今仍深深地影响着法国的民间建筑。高坡屋顶的正脊上常做有各种各样的小尖塔，再配合一组细高的壁炉烟囱，产生了活泼跳跃的意境。在 17 世纪的路易十四时期，有一位著名的皇家建筑师名叫裘·阿·孟莎，他为改进高坡屋顶的做法，曾在一些建筑中把屋顶做成二折式，上部屋顶平缓，下半部较陡。这一做法后来流行于法国住宅，人们把这种屋顶式样称之为孟莎式。孟莎式屋顶成了法国民间建筑的一种显著特征。建筑的造型与门窗比例基本上是属于古典式的，只是偶尔带有一点哥特遗风。在一些贵族的大型府邸中，为了突出正面构图，有时在屋顶正中还做有高大的圆形穹隆顶，顶上再加上小小的采光亭，强调了中轴线，使得这些贵族府邸显得更加富丽庄严。17 世纪建造在巴黎南郊默伦附近的维贡府邸就是最典型

英国民居

的一座这样的建筑。

意大利是古罗马帝国的发源地，是西方古典文化的故乡，是欧洲文艺复兴的摇篮。那里的民居一直继承着西方古典建筑的传统，不论是乡间小家农户，还是城市里的大型府邸，都在建筑造型上表现出高度的艺术修养，古典艺术的精神已渗透到建筑的各个领域。无论是简单的线条还是复杂的装饰花纹，甚至整幢建筑的造型比例都是如此严谨地遵从古典法则，使人不禁感到处处都有一种秩序，而且使得不论什么类型的建筑组合在一起都能和谐统一。

大型住宅内常常有一个小院子，很像中国北京的四合院住宅的平面布局，只是由于四周建筑较高，内部院子的空间感觉就很不相同。而且意大利住宅的内院都是整洁的铺装，不种花木之类，没有北京四合院的那种生动活泼的气氛。在意大利的一些住宅内院中也偶尔布置有雕像，或临时摆设几盆盆花，仍然是在追求一种既有理性秩序又丰富多彩的精神。

意大利的民居一般都是水平型的，大一点的府邸也不过只有三四层。这些大型住宅的外部常常做有几道水平的檐口线脚，一方面是为了保持古典层高的比例，另一方面也是为了加强表面装饰。住宅的外墙大多是用砖砌后加以粉刷的，大型府邸也常用块石砌筑；墙面上的一个个窗子有的做成圆头，有的做成方头，在方头的窗顶上还常做有小型的山花，成为一种传统的装饰方法，同时也丰富了外部的造型。屋顶的檐口是水平伸出的，真正的坡屋顶往往退在后部，比较平缓低矮，

法国巴黎麦松府邸

意大利热那亚市政厅

有意不让人看见。大型府邸的内部装饰往往也很豪华，除了线脚之外，还有壁画和穹顶画，色彩绚丽，构图丰富，反映了古典艺术的精湛技巧。这类住宅在意大利许多城市都有不少著名的例子，其中比较典型的可以在罗马的法尔内塞府邸中看到。该府邸建于1530至1589年，属于意大利文艺复兴时期的建筑，外观简洁精致，比例匀称，入口重点装饰恰当，是意大利的珍贵历史遗产。现为法国驻意大利大使馆的所在地。

3. 中国古典建筑艺术

中国古典建筑自汉唐以来已逐步积累了不少建造经验，形成了中国特有的建筑艺术风格。北宋时期，有位将作丞李诫（字明仲），根据历代工匠相传的资料编著了一本建筑工程的名著《营造法式》，总结了我国传统建筑的工程做法，形成我国第一部系统的官式建筑法典。北宋崇宁二年（1103 年），宋朝皇室正式颁行了该书，使各类官式建筑的设计、结构、用料、模数都得到统一的规定，标志着我国古典建筑艺术的成熟。《营造法式》的刊行也是王安石新政的一个组成部分，它曾为革除建筑设计、结构、施工中的弊端起过重要的作用。到了清朝雍正十二年（1734 年），清朝政府根据当时的社会需要，又颁布了工部《工程做法则例》，使中国传统的古典建筑进一步规范化，形成了鲜明的民族特色。

中国的古典建筑一般是由木结构组成的，它的基本艺术特征是在外观上明显地分为三部分：台基、屋身和屋顶。其中屋顶部分又是中国建筑艺术最引人注目的重点。

建筑物不论大小都有台基，它放在建筑物的底部，既可以起到防潮作用，在建筑艺术上又可以具有衬托效果，不少大型建筑还有好几层台基，显得更加雄伟壮丽。台基有普通台基和须弥座式台基之分，前者适用于一般房屋，后者多应用于宫殿和大型庙宇。普通台基常用砖砌，沿边上部铺一圈条石，台高多在40厘米到60厘米之间，在台基长边设有踏步可以上下。须弥座式台基往往高达1米左右，四周均为石砌，面上还有石刻花纹与雕饰，以便与大型建筑的庄严气氛相配合。须弥座前的踏步也均为石砌，而且两侧有栏杆，显得建筑底部稳实严谨，千秋永固。

屋身是中国古典建筑的主体部分。一般为木结构梁架组成，外墙与隔墙只不过是起围护作用，因此中国俗语中曾有“墙倒屋不塌”的说法，表明承重构件是木柱和梁架，而不是墙，这和现代结构中的框架原理颇为相似。在建筑正面所排列的柱子形成一些“开间”，小型建筑多为三开间或五开间，大型宫殿、庙宇则常为七开间和九开间，北京故宫太和殿正面达到十一开间，是我国最大的木构建筑。建筑两侧的柱子排列则组成了建筑的“进深”，它的大小与数量根据正面开间而定。通常正面开间数为单数，而进深数则为双数，这和木梁架的结构有密切的关系。在建筑艺术上为了强调中轴线与中心部位，往往把中间的这一开间做得稍为宽一点，最边上的一间做得最小。中间的一间称之为“明间”，最边上的一间称之为“稍间”，这便使得单调的开间排列显出细微的变化。柱子本身有时也进行了精致的加工，大型古典建筑不仅在圆形木柱外涂上油漆，而且在唐宋时期的檐柱上还有明显的“卷杀”和“侧脚”。所谓“卷杀”就是指木柱的上端和下端比柱身微微收小，术语称之为“梭柱”；“侧脚”就是两端的柱子微微向中央倾斜，使得建筑外观看起来有一种内聚的坚固感。清代以后，这种“梭柱”与“侧脚”的做法就渐渐地消失了。但是在一些边远地区，偶尔还能看到一些古代的遗风。在柱子下部均设有柱础，这种柱础绝大部分都是石质的，偶尔在江南一带还能发现有明代的木质柱础。不论是石质或木质柱础，常常在表面都有精致的加工，它的繁简程度与雕刻的水平都与整座建筑的标准相适应。

在大型古典建筑的柱顶和额枋上常做有木质的“斗拱”，这些斗拱都是由一块块的木构件组合成的，目的是为了支撑硕大的出檐，起着檐口内外平衡的杠杆作用。斗拱是中国建筑艺术中特有的部分，它和西方建筑艺术有明显的区别，而且这一部分往往在外部涂有强烈的青绿色彩。加上复杂的形式，成了装饰的重点，也是建筑级别高低的标志。

屋顶是中国古典建筑艺术中最富表现力的部分，形式多种多样。常见的有单坡顶、平顶、囤顶、硬山顶、悬山顶、风火山墙顶、毡包式圆顶、拱顶、穹隆顶、庑殿顶、歇山顶、卷棚顶、重檐顶、圆形攒尖顶、四角攒尖顶、盝顶等。通过这些屋顶的基本形式又可组成复杂的变化多端的屋顶组合形体，显示出中国古典建筑的高度成就。

这些古典建筑屋顶的屋面一般都做有明显的曲线。术语称之为“反字”。屋顶上部坡度较陡，下部较平缓，这样既便于雨水排泄，又有利于日照与通风。在歇山顶与庑殿顶的建筑中，屋檐都有意做成微微地向两侧升高，特别是屋角部分做成明显的起翘，形成翼角如飞的意境，使中国古典建筑艺术上升到一个高峰。屋顶的形式与瓦的色彩在封建社会中也有等级的区分，其中黄色最为高贵，重檐庑殿顶则是最高级别。

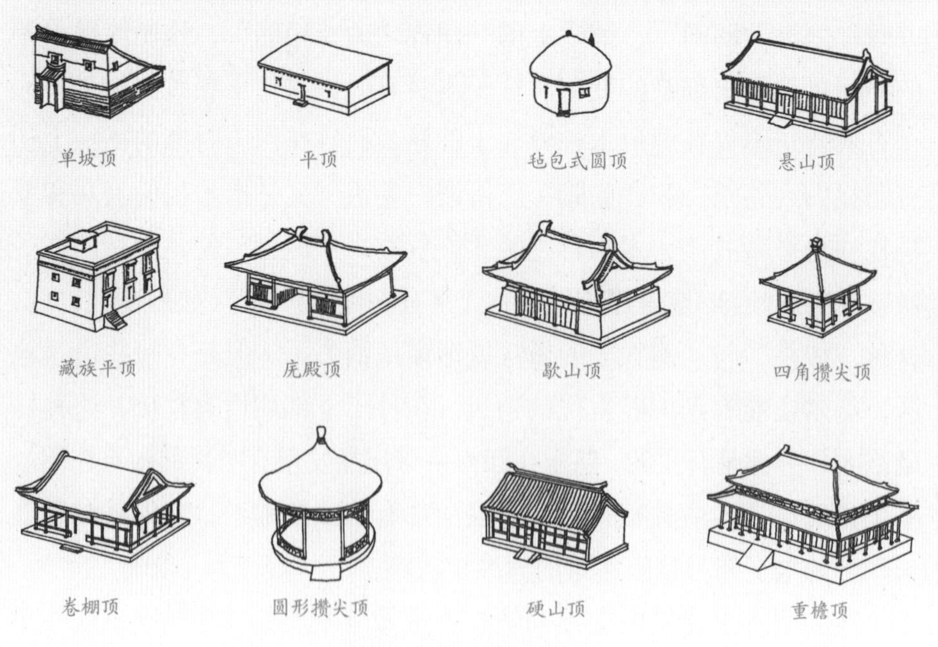

中国古代建筑屋顶形式

安徽宏村民居

在屋顶的上部一般都设有正脊，有的在两侧还做有垂脊和戗脊，脊的端部大多做有脊兽或其他装饰。因此，古典建筑的屋顶不仅在艺术上没有沉重庞大的感觉，而且还成为表现建筑艺术的重要部位。你如果登上北京的景山，从北向南俯瞰故宫的全景，那些高低起伏变化多端的黄色琉璃瓦屋顶组合，真会使你如入仙境。

在江南与华南一带私家古典园林建筑的屋顶，风格就与北方官式的古典建筑大有区别，它们不像北方那样严谨庄重，而是相对比较轻巧精致，色调淡雅，屋顶以卷棚顶、歇山顶居多，屋角起翘很自由。加上小青瓦的屋面与白粉墙形成明暗的对比，更显出江南景色的秀丽高雅。

4. 西方古典建筑艺术

西方古典文化发源于古代的希腊，公元前 5 世纪时是古希腊的全盛时期，在文化、艺术与建筑方面都创造了历史上光辉灿烂的一页。公元 1 世纪以后的罗马帝国继承了古希腊的成就，使古典建筑进一步成熟，成为西方世界的范例。中世纪欧洲历史的频繁变化与地区性文化的兴起，虽然使古典文化受到了一定的挫折，但是古典文化的理性秩序始终有着强大的生命力，它曾在 15 世纪意大利兴起的文艺复兴运动与 17 世纪在法国兴起的古典主义思潮中重振雄风，尤其是到 18、19 世纪，欧美古典复兴思潮盛极一时，更为西方古典建筑艺术的延续力挽狂澜。

西方古典建筑艺术最杰出的成就是创造了古典柱式。在希腊古典时期曾经创造了三种古典柱式：多立克、爱奥尼和科林斯。三种柱式各有不同的比例和柱头的式样，相应的装饰线脚也有一些区别。希腊多立克柱式一般比较粗壮雄健，人们把它比之为男性的刚强，它的柱底径与柱高的比为 1 : 6 至 1 : 5。柱下没有柱础，直接放在台基上，柱上有柱头，做成简洁的几何形体块，柱子本身微微有一点向上收小的曲线，而且柱身上还有凹棱，表现出粗犷的风格。爱奥尼柱式相对比较细长；柱下有一个多层线脚的柱础，柱头上有一对明显的卷涡作为标志，柱底径与柱高的比一般为 1 : 9.5 至 1 : 8.5，柱身也有细微向上收小的曲线，人们常常比之为女性的秀丽。还有一种叫科林斯柱式，它的柱底径与柱高之比大致为 1∶10，柱头上常用一组毛茛叶为标志，是柱式中最为华丽的一种。在三种柱头之上一般都有檐部作为横梁，这一部分又通常再划分为三段：檐口、檐壁、檐座。其中檐口在上，挑出较多，檐壁部分常常还刻有浮雕作为装饰。古典柱式的这种精确的比例造型与细致入微的局部处理不仅具有强烈的艺术感染力，而且它的理性精神所产生的内在美更能给人以永恒的印象。除了上述三种古典柱式之外，希腊人还在当时创造了相应的男像柱与女像柱。男像柱被称为亚特兰大，实际上是多立克柱式的变体。女像柱被称为卡利阿提德，是爱奥尼柱式的变体。相传卡利阿提德是古希腊的一位美丽少女，她善于赛跑，许多男子都望尘莫及，后来有些建筑上用她代替爱奥尼柱式，也许是对这位少女的纪念吧。

古希腊科林斯柱

罗马帝国初期，有一位杰出的皇家建筑师名叫维特鲁威，他在总结古希腊与罗马共和国建筑经验的基础上，于公元前 1 世纪发表了著作《建筑十书》。书中对古典建筑的设计、建筑师的教育、柱式的比例造型、建筑的选址以及工程设备等方面都有详细的论述，这是世界上第一部完整的建筑学理论著作，它不仅在当时帝国范围内对建设起到了指导与规范作用，而且还对后来产生了深远的影响。在罗马帝国时期的建筑中，柱式已发展到五种，增加了塔司干柱式与混合柱式，比例造型也比希腊时期有了更严格的规定。塔司干柱式的柱底径与柱高之比为 1∶7，罗马多立克柱式为 1∶8，罗马爱奥尼柱式为 1∶9，科林斯柱式仍为 1∶10，混合柱式也为 1∶10。各种柱式的柱头也都更程式化了，至此古典建筑艺术已达到完全成熟的地步。

西方古典建筑的立面处理常常是以柱式为构图基础的。由于采用不同的柱式以及应用双柱、叠柱、券柱等不同的处理，立面构图有丰富多彩的变化。一般来说，无论建筑大小或高低，建筑立面从上至下都可划分为三大部分，即檐部、柱子与基座。多层建筑，有时把底下一层作为基座处理，外表相对比较简洁，中间几层可以看作柱子的扩大部分，最上面的檐部随着建筑的高度相应地加大和伸长，以保持较恰当的古典建筑比例。在古典建筑的入口处往往在上部做有一个三角形的山花，山花下有檐部和柱子，强调是这座建筑的重点部位。建筑的左右一般也常划分为三段或五段，用平面的凹凸来进行区分，以打破建筑物过长时的单调。文艺复兴运动以后，由于柱式与拱券得到了进一步的组合，加上穹隆顶的发展与变化，使古典建筑艺术无论在建筑外部还是内部都得到了充分发挥，不仅具有形式美与装饰美的效果，而且还成为理性建筑的典范。西方古典建筑艺术不愧为人类建筑的精华，正因为如此，它创造了杰出的罗马圣彼得大教堂，也创造了像美国国会大厦那样纯洁端庄的典范之作。

西方古典柱式

第二章

古代建筑艺术的丰碑

第二章
古代建筑艺术的丰碑

建筑艺术的成就是人类智慧的结晶，世界各个国家和民族都为人类的建筑艺术宝库作过不同的贡献。众所周知，世界上最早有文化的民族分别在埃及、西亚、希腊、印度和中国，它们被誉为世界文明的摇篮。正是这些地方影响了周围地区建筑艺术的发展，树立了古代建筑艺术的丰碑。古代世界七大奇观中就有五处是建筑艺术的成就：埃及的胡夫金字塔，巴比伦的空中花园，哈利卡纳苏的摩索拉斯陵墓，以弗所的阿尔忒弥斯神庙，亚历山大里亚港口的灯塔。现在除了金字塔之外，其余四处虽已不复存在，但从一些历史记载中，我们仍能想象其昔日雄伟壮丽的艺术面貌。

1. 从山洞里的装饰说起

在法国南部蒙蒂尼亚克郊区的山野里有一个从不被人注意的山洞，1940年的一天，几个孩子钻进这个狭窄的山洞去寻找他们的小狗，忽然发现山洞里面有一个大岩洞，长达180米，洞顶、洞壁上画满了壁画，上面布满红色的、黑色的、黄色的、白色的鹿、牛和奔跑着的野马。这一意外的发现震动了当时的考古界，原来这就是埋没了一两万年的原始人的艺术，这个山洞就曾是原始人聚居的地方。山洞后来被命名为拉斯科洞窟，闻名世界。

山洞里的艺术

在远古的时候，人类的祖先没有住房，为了防止风霜、雨雪和猛兽的侵袭，他们只能居住在天然的山洞里或栖居在大树上。正是这些原始人，不仅有安身的需求，而且有美好的向往，他们需要庆祝狩猎的丰收，也要祈求上天和图腾（动物神）的保佑。于是他们开始装饰他们的居所，壁画便是他们最早使用的方法之一。他们把自己美好的愿望都充分地表现在这些壁画上，这便是艺术的起源。也许当时的画师们认为画在洞壁上的野牛、野马、野鹿有一天就是他们所需要的猎获物，画出刺伤的野兽就能祈求下一次捕猎的成功。这些绘画与祈求丰收有关，与住所的装饰有关，但它毕竟不是生活的纪事，而是一种对于狩猎生活的艺术想象，一种美感的抒发。拉斯科洞窟中的壁画，规模十分巨大，动物的形象画得非常逼真，轮廓准确，线条粗健有力，有些动物奔跑的动态更是画得栩栩如生，如果不是有亲身的体验和认真的观察，是很难画出这些生动场面的。即使是现代的画师，如果没有一定的体验，也难以画得那么生动和逼真。

古代岩画

除了拉斯科洞窟之外，在法国还发现了著名的封德哥姆洞，洞内线路迂回复杂，在深长的岩壁上也有原始人绘的壁画，这是旧石器时代的装饰艺术。壁画在洞中断断续续，总长度达到 123 米，其内容与表现方法和拉斯科洞窟颇为相似。另外，在西班牙北部城市桑坦德也发现了阿尔塔米拉山洞壁画，洞顶和洞壁上画满了红色、黑色、黄色和暗红色的野牛、野猪、野鹿等动物，总共有 150 多个。它们形象生动，同属于公元前 1.5 万年旧石器时代的绘画艺术，它的性质和思想表现与拉斯科洞窟可谓异曲同工。当然，此类的例子在世界许多地方还有发现。

从上述这些山洞壁画装饰中，我们可以看到人类从最早有居所开始，就产生了艺术的需求，装饰艺术就像孪生兄弟一样伴随着建筑的发展，

苏格兰原始社会的蜂巢屋

并逐步成为综合的建筑艺术和空间艺术。

旧石器时代末期，冰河渐渐消退，气候转暖，人口逐渐增多，天然洞穴已不够用，原始人就挖穴居住，或模仿天然隐蔽物用土块、石块、树枝搭建居所，成为早期人类的建筑。

新石器时代，“火与石斧大抵已经使制造独木舟成为可能，有的地方已经用木材和木板来建筑房屋了”。（恩格斯《家庭、私有制和国家的起源》）因为在经济上由渔猎、采集逐渐转向原始农牧业生产，于是原始人便过着公有制经济的定居生活。在很多地区发现了用石块或土坯建成许多圆形的小屋集中在一起，构成了村落的雏形。后来便逐渐改进为长方形的房屋，内部还有实墙分隔。在原始社会的晚期，有的地区已经使用青铜器和铁器。生产工具进步了，生产技术也随之提高，对木头和石头的加工能力增强了。在西欧许多地区还发现过建造在沼泽地带和湖泊沿岸的水上建筑群，说明这时已有了用木桩与梁板结构的造桥技术。

圆形树枝棚

巨石建筑

英国原始社会的石环

在上古时期，由于原始人对一些自然现象还不能理解，因此产生了对自然的崇拜，出现了原始的纪念性建筑，如石柱、石柱群、石环、石台等。这些石构遗物一般都非常巨大，所以也称之为巨石建筑。这类巨石建筑在欧洲和我国都有发现。其中法国布列塔尼的巨石建筑尤为著名。在那里有一根人工竖起的巨大天然石柱，高达 19.2 米，直径达 4.28 米，重约 260 吨，柱身上还刻有花纹和人形的浮雕装饰，推测是原始人崇拜太阳的象征。在这根石柱的前面和两侧还有许多排列整齐的小石柱，其数量达到 3000 多个。据专家推测，这些石柱群的方向正好对着夏至时的太阳。从这些石柱中，我们可以看到原始人的想象力与创造力是多么令人吃惊，如此高大的石柱在当时没有机械设备的情况下是如何竖起来的至今也还是一个谜。而且石柱的浮雕装饰也再一次证明了建筑艺术的诞生。在英国的索尔兹伯里原野上有一个原始时代的巨大石环，直径达 32 米，周围一圈石环高 6 米，中间布置有五组独立的围合石屏，在石屏前还有一块平放

丹麦与瑞典的石台

索尔兹伯里石环

的条石，推测这是祭祀太阳的场所。整组石块布置严谨有序，造型别致，似乎具有某种纪念性意义。在丹麦和瑞典等处还发现有一些巨大的石台，也称为石桌，它是原始人部落酋长的坟墓，也是另一种原始纪念性建筑的表现。

原始社会末期，随着对自然与图腾的崇拜，宗教的形式逐渐发展起来。在地中海的马耳他岛上曾发现有许多史前庙宇的遗址，它们多数是在公元前 3000 年前建造的，殿堂的平面多半做成椭圆形，而且布置成前后两进，用以增加神秘严肃的气氛，这也是建筑艺术的要求。在后殿中还有意做成三个半圆形的龛，可能是供奉神祇的，它与后来一些庙宇的布置方式颇为相似。

从上述大量史实中，我们可以看出，从原始社会开始，人们在建造房屋和纪念物的时候，就离不开三方面的因素。首先是必须适应一定的居住功能或精神功能，这是建造的目的；其次是取决于当时建筑技术的水平，尤其是生产工具和建筑材料对建筑技术非常重要；第三是在可能条件下要满足人们的审美要求，它直接影响着建筑艺术的形式和表现。

2. 石头的史书

历史大多是写在纸上的，但古埃及的历史则可以说是写在石头上的，那雄伟永恒的石建筑正是埃及历史的写照。这些石建筑的艺术形象已成了古代埃及的象征。

古代埃及是人类文明最早的发源地之一，在公元前3200年左右就已经形成了统一的国家。它地处非洲尼罗河流域的北部，沿岸山脉连绵起伏，盛产花岗岩、石灰岩、砂岩，以及其他各种适于建筑用的石头，为建筑材料提供了富饶的源泉。也正是这些丰富的石材使埃及能建造出金字塔这样的世界奇观。

金字塔

金字塔是古代埃及人用来埋葬国王的陵墓，它用石块砌成方锥体的形状，由于体量庞大，外形似中文的“金”字，因此中国称之为金字塔。

古埃及是政教合一、君主独裁的奴隶制国家，一切行政、军事、宗教权力都集中在国王之手，国王被视为神圣不可侵犯的。国王的名字上常冠有各种尊号，并渐渐尊称为“法老”（本义为宫殿），犹如中国人尊称皇帝为“陛下”。同时，在宗教的影响下，古埃及人认为人死后灵魂永生，要在千年之后复活，过着比生前更好的生活。古埃

哈夫拉金字塔

及的统治者们把陵墓看成死后的宫殿，这使得陵墓建筑占有非常重要的地位。

在尼罗河西岸的萨卡拉、吉萨和阿布西尔等地曾经修建了很多古代埃及的陵墓。在萨卡拉有第一个完全用石头建成的陵墓——第三王朝的昭赛尔金字塔，建于公元前 2778 年，是六层阶梯式金字塔，高约 60 米，底边是 126 米 ×106 米的方形。这是国王陵墓从模仿原有小型坟墓向创造方面发展的过渡实例，其周围还有庙宇和一些附属性的建筑物，也属保存至今的最早一批石建筑。

古埃及人后来在吉萨陆续建造了许多金字塔，其中最著名的有第四王朝的胡夫、哈夫拉、孟卡拉的方锥形金字塔群。附近还有一个巨大的狮身人面雕像，被称为斯芬克斯，它是旭日神的象征，高约 20 米，长约 57 米。

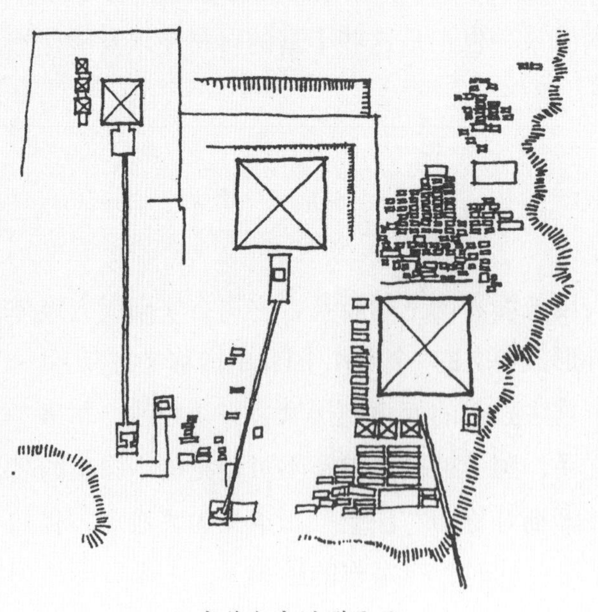

吉萨金字塔群平面

胡夫金字塔，又称为齐阿普斯金字塔，是第四王朝法老胡夫的陵墓，也是埃及现有的金字塔中最大的一个。胡夫金字塔约始建于公元前2585年，位于开罗城的西南方，在尼罗河西岸的吉萨。占地约5.3万平方米，塔高约146米，塔底每边长约230米，是一个正方锥体。四个倾斜面与地平的夹角约为52度，全部用巨型石块干砌而成，估计每块石头约2.5吨重，全塔用石料约230万块。塔的表面用一层磨光的石灰岩贴面。塔的四边对着四个正方位，主要面朝东，以接受旭日初升时的阳光。

金字塔的北面距地面14.5米处有一个入口。经过入口有狭长的通道与上、中、下三个墓室相连。狭长的通道也用石块砌成，后半段高8.5米、宽2米，直通上层主室，这是国王的墓室。国王墓室的入口处，有50吨重的石闸作防卫之用，室内顶部有五层大石块，可能是为了防止墓室下沉或倒塌。室内墙壁上刻有象形文字和花纹，室内存放着法老的石棺。石棺内存木棺，木棺中有裹着沥青布和香料的木乃伊。室内有两条通气洞（15厘米 ×20厘米）与塔外相通，可能是作为死者灵魂归来的通道。中层则是王后的墓室，另一间则在地下，大概是存放殉葬品的地方。

胡夫金字塔的出现是古代世界的奇迹。它那抽象简洁的方锥形体矗立在蓝天下的一片大漠中，犹如脚踏大地头顶苍天，显得气势非凡，给人以强烈的艺术感染力，不愧为古代建筑艺术的丰碑。胡夫金字塔在体量上和工程技术上都是惊人的。据历史记载，为了建造这座金字塔，法老曾强行征调了10万人整整干了30年，可见其工程之浩大。

胡夫金字塔的西面和南面有许多贵族的长方形墓室和小金字塔，整整齐齐地排列在金字塔的周围，深刻地反映了埃及奴隶制国家等级制度的森严和国王至高无上的权威，象征着群臣们生前吻法老脚下的尘土，死后也得匍匐在他的周围。有的贵族则以未挨过法老的鞭笞为荣，将荣耀刻在自己的墓碑上。

胡夫金字塔的前边还建有国王的庙宇，位置离金字塔很远。穿过大门后进入一条长达几百米的黑暗通道，通道内有许多凹形壁龛，在昏暗中神秘变幻，通道的尽头是塞满方形石柱的大厅。厅后是一个露天小院，人从黑暗中出来顿感豁然开朗，迎面正是帝王的雕像，雕像背后则是遮天蔽日直冲云霄的金字塔塔顶。在这一望无际的大沙漠的边缘，金字塔以其稳定、简单、庞大的体形，屹立在灿烂的阳光下，巍然生辉，造成雄伟、神秘的气氛，象征着国王的无上权威，令人肃然起敬，顶礼膜拜。

神庙

新王国时期，统治阶级为加强中央集权，大力宣扬君权神授的教义，因而各地的神庙建筑得到大量建造，并且还把宫殿和神庙结合在一起。这些庙宇和宫殿也都是石造的，规模有的相当庞大，尤其是阿蒙神庙在各地普遍受到尊重，因为国王自称是阿蒙神的儿子。

卡纳克的阿蒙神庙是埃及庙宇中最大的一个，面积达 365 米 ×111 米。庙宇初建于公元前 1312 年至公元前 1301 年，以后历代的法老均有扩建和改建。最大的第一道牌楼门是在公元前 330 年至公元前 30 年建造的。在阿蒙神庙的轴线上，前后排列着六道高大的牌楼门。最前面的牌楼门高 43.5 米，宽 113 米。庙的四周还围有高 6~9 米的砖墙，庙内有各种不同的庭院和殿堂。最令人吃惊的是它的大殿，面积达 5000 平方米，阔 103 米，深 52 米，里面密密麻麻地排列着 134 根高大的柱子。中间两排柱子高 20.4 米，直径为 3.57 米，共 12 根支撑着中间的平屋顶；其余的柱子比较矮，柱高 12.8 米，直径为 2.74 米，上面

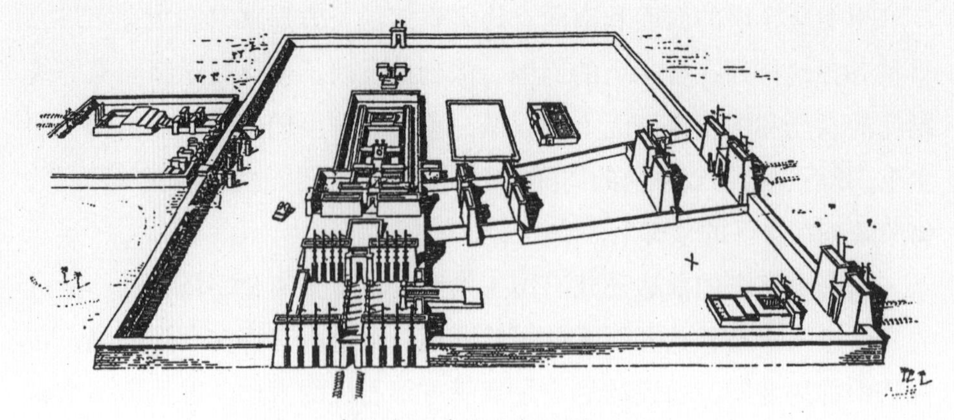

卡纳克阿蒙神庙复原图

也是平屋顶。这样就利用屋顶的高差形成侧天窗采光，柱身和梁枋上刻满彩色的浮雕和花纹。中央两排高大的柱子的柱头刻成莲瓣纹样的倒钟形，顶架着梁枋和平屋顶，屋顶的天花板涂以蓝色，并画有金色的星星和飞鹰。两侧的矮柱，柱头是花蕾式的，柱头上顶着一块方形

神庙牌楼门

神庙柱厅

盖板，然后再支撑着梁枋和屋顶。这样大面积的柱厅，仅以侧天窗采光，光线自然比较暗，加上大厅里石柱如林，形成非常神秘的感觉。通过中央的柱廊，再穿过一个小柱厅，是一个更为阴暗的空间，这里是祭堂，人能隐隐约约地看到圣舟，更加重了神奇的气氛。

在第三、第四道牌楼门之间，由另外四个高大的牌楼门组成一条横向的轴线，门外是一条两旁排着圣羊雕像的大道蜿蜒直通缪特神庙。与这条大道平行的，是另一条1000多米长的大道，从孔斯神庙前开始也对称排列着圣羊雕像，位置在纵轴线的第一道牌楼门之内，这不仅扩展了轴线，而且把三个庙宇连在一起，更主要的是加深了宗教的神圣气氛，使人们在进入每座神庙时，步步沉重、步步紧张，以唤起人们对神权的崇拜和敬仰。

除此之外，在宫殿、庙宇的四周还常常筑有大量的仓库，以贮放粮食和珍宝，也有服务人员和奴隶的用房。国王的宫殿往往和庙宇组合在一起，外面用两层很厚的墙围起来，墙外还挖有人工护河，设有门楼、吊桥。两层围墙之间驻有兵营。围墙和门楼都是高大厚重的，不难看出其防御性的特点。

在尼罗河中游的西岸，位于德·埃·巴哈利郊区的山谷间，有两组国王的陵庙，它们利用山势地形把陵墓和神庙结合在一起，取得了人工石建筑与天然山石背景融为一体的雄伟效果。其中一组是建于公元前2052年中王国时期的曼特赫特普庙，它把金字塔和崖墓结合起来，创造了崭新的艺术形象；另一组是建于公元前1480年新王国初期的哈特什普苏庙，它则利用地形造成阶梯状的形式，给人以层层上升的崇高感。

在尼罗河上游岸边的阿布辛贝勒建有著名的阿蒙神大石窟庙，这是公元前1250年左右的建筑。石窟沿山凿岩建成，前面有一个大平台，正面刻有四尊国王拉美西斯二世的巨大雕像，像高20米，雄伟庄严，是尼罗河上游的重要胜迹。窟的内部有前后两个殿堂，最后面是一个神龛。在前面殿堂的两侧还不规则地分布有一些长条的小石窟，也许是存放东西的地方。前面的殿堂是石窟主要的祭祀之处，里面排着八

巴哈利陵墓群

根神像柱，四周墙上画满了壁画。由于1966年在尼罗河上游修建了阿斯旺水坝，河水水位大大提高，有关方面已将整座石窟切开，迁移到比原址高64米、退后180米的山上，基本保持原样。

埃及柱式

古埃及大型建筑的柱子是建筑部件中最有表现力的部分，常常都用石材，体形高大，有的高达20余米，甚至多是整块石料。柱子的式样很多，柱断面有方形、圆形、八角形等。柱子粗壮，一般柱高是柱径的五倍。柱头的形式也很多，有莲蕾形、倒钟形、纸草形、棕榈形、神首形等。柱础为一块圆形的平板。柱间距一般是一个柱径，仅仅在入口处稍微加宽一些。檐部变化很少，一般是柱高的五分之一。

埃及的石雕技艺也有很高的成就，雕刻和建筑结合得很紧密。在建筑上常使用浅浮雕和线刻装饰。在建筑物内常应用强烈的颜色，如红、黄、蓝、金等。装饰纹样多为几何形化的植物和人像，尺度很大，有雄伟粗犷的风格。

方尖石碑

古埃及时代还建造了一些方尖石碑，它是崇拜太阳用的。其断面呈正方形，上小下大，顶部为金字塔状，一般高和宽的比是10 : 1，用一整块花岗石制成。表面刻有象形文字和装饰，尖顶上镀金、银或金银的合金。起初方尖石碑摆在建筑群的中心，后来移到了庙宇大门的两侧作为装饰。现存的遗物中最高的达到30米。古罗马帝国时期，埃及曾被罗马军队侵占，因此有许多方尖石碑被搬到罗马作为装饰。例如罗马圣彼得大教堂前椭圆形广场的中心就放有一根埃及的方尖石碑；在罗马波波罗广场以及罗马万神庙前的方尖石碑也都是从埃及搬运来的。方尖石碑作为一种纪念碑的形象影响十分深远。近代在美国首都华盛顿建成的华盛顿纪念塔就是仿方尖石碑建造的，它高达100余米，内部还有电梯，远非古代可比，体现了现代文明。

方尖石碑

3. 空中花园和波斯宫殿

空中花园是古代世界七大奇观之一，它位于古代新巴比伦城的北面。公元前 7 世纪初，迦勒底人征服了亚述王国，在中东地区建立了新巴比伦王国，并以巴比伦城为首都，重新建设。巴比伦城的废墟一直保存到现在。根据古代希腊历史学家希罗多德的记载：皇帝为了他出生于伊朗而习惯于山林生活的皇后谢米拉密德，曾下令建造“空中花园”。这座花园之所以号称空中花园，是因为它布置在人工堆起的小山顶上。浇灌花木的水，要从山下运到山上。实际上，这座花园是布置成多层台地的园林，园林内除了种植大量名贵花木之外，根据记载还有亭台楼阁，极为奢侈豪华，现在实物已毁，但从遗址和记载中仍可想象它昔日的盛况。

新巴比伦城是在原有基础上扩建而成的，从公元前612年开始建设，直到公元前 538 年巴比伦王国灭亡，前后繁荣时期不到 100 年。在新巴比伦城繁荣的年代里，它是整个东方世界贸易和文化的中心，城市建设十分繁荣，城市人口达 10 万人。

新巴比伦城的轮廓近似一长方形，幼发拉底河自北向南穿城而过。城外有护城河，河边有城墙，根据记载城墙上有 250 个塔楼。城内道路布置整齐，南北向轴线上有一条主干道，串联着庙宇、宫殿、城门和园林。大道北端西侧是宫殿建筑群，宫殿北面则是空中花园。城市的北门是著名的伊什塔门，现已搬至博物馆保存。门上存有彩色琉璃砖砌成的动物形象，四周用美丽的图案镶边。希罗多德当时曾到过巴比伦城，他描写这座城市：“它有着这种宏伟的规模，它建筑得如此美丽，在我们所知道的名城中，还没有一个像巴比伦城这样壮丽的。巴比伦城城外为深广的、充满了水的壕沟所围绕。砖砌和油漆浇凝的城墙延伸于城的四周……城墙的两边耸起一对对的一层塔；它们中间留出四马并行的通路。城墙开有100座城门，整个是用铜铸造的，铜的门框和横梁。”虽然这个记载有一些夸大的地方，但其宏伟规模仍足以令人赞叹。现在该城已被发掘，实际城墙的长边为2.5千米，短边约为1.5千米。

巴比伦空中花园想象图

波斯帝国起源于伊朗高原，它在很短的时期内兴起，于公元前525年先后侵占了两河流域、小亚细亚和埃及等地，成为横跨亚非两洲的奴隶制大帝国。它利用战争掠夺和重税暴政取得了大量财富，于是大兴土木，以适应统治阶级豪华奢侈的生活需要。波斯著名皇帝大流士在新都波斯波利斯建造的皇宫，就是当时建筑的杰出代表。

波斯波利斯宫是波斯帝国强盛的象征，它的遗迹一直保存至今。

这组宫殿建于公元前500年左右，是把一个小山坡削成高15米、宽450米、深300米的大平台，大平台上有6座主要建筑物。比较著名的是议政的百柱大厅、大流士宫、克赛克斯宫，以及眷属居住的禁宫、克赛克斯多柱厅和大门等。在大平台的入口处有两条对称的、非常宽阔的大台阶，用条石砌成。台阶两侧的墙上刻有浮雕装饰，表现的是年年秋季臣属波斯的各个国家的首领手捧贡物举行朝贡仪式的情景。上了台阶正对着东面的大门，在门道的内侧墙上刻有大流士的坐像，描述其正在接

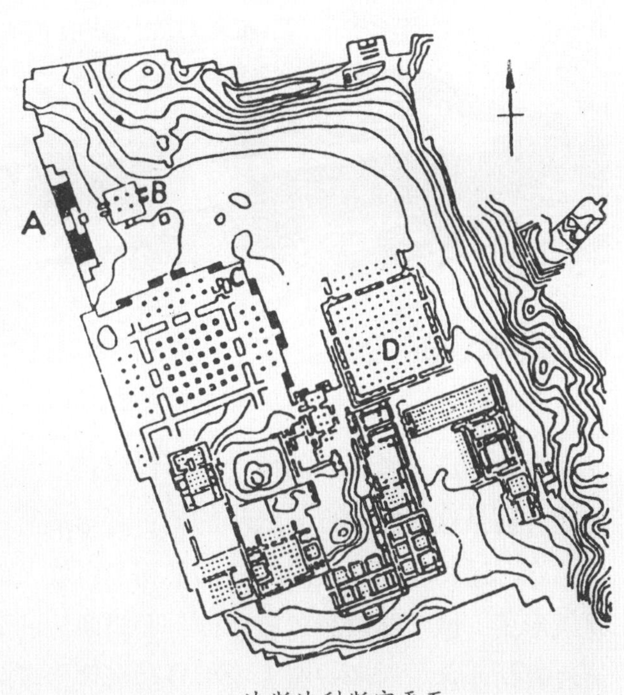

波斯波利斯宫平面

波斯波利斯宫遗址

波斯波利斯宫复原图

受大台阶上进贡者礼拜的情景。不仅建筑上互相连接，而且这些浮雕也与每年的朝贡者形成有机的结合，遥相呼应。大门的檐部采用了古埃及的建筑形式，墙上饰以彩色琉璃砖，大门两侧的下面放着仿亚述王国的双翼人首牛身的雕像，反映了当时各国之间文化的交流。

波斯柱子

在大门的南面是克赛克斯多柱厅，平面是62.5米 ×62.5米见方的形状；厅内有排列整齐的6排柱子，每排6根，每根高18.6米。大厅的东北西三面还各有一个外廊，更增加了接待大厅的气势。皇帝在这里要接待上千人的朝觐，为了宽敞不遮挡视线，厅里的柱子做得很细，直径只有柱高的十二分之一，柱间距为8.74米，表现了石结构仿木梁架的特点。

在克赛克斯多柱厅的东面是大流士百柱厅，平面也是正方形的，里面有10排柱子，每排10根，共计100根石柱，柱高达19米。百柱厅三面是墙，只有北面是开敞的柱廊。厅内的柱头和柱础都非常华丽，柱头刻有双牛、卷涡、仰覆莲等，柱础刻有圆线脚和覆莲。柱身刻有凹槽。这些柱子本身造型优美，但柱子过于细长，带有石柱仿木柱的迹象，柱头与柱身的雕饰也可看出受到古希腊建筑文化的影响。

在波斯波利斯以北 12 千米处，有个大流士崖墓，建于公元前 521 年至公元前 485 年，正面呈十字形，中央有四根柱子，有一个门洞直通窟内。这些柱子的柱头很像小亚细亚一带流行的希腊爱奥尼柱式。

大流士崖墓

波斯帝国的这些建筑遗物，无论其平面布置、空间处理，还是柱式和装饰等，都带有埃及、两河流域和希腊的建筑手法。这说明波斯帝国在对周围地区侵略的同时，也吸取了其他民族的优秀文化。

4. 神秘的克里特－迈锡尼文化

克里特－迈锡尼文化是希腊上古时期的文化，时间大约在公元前3000年到公元前1100年，由于发生在爱琴海周围，因此也称之为爱琴文化。爱琴文化在历史上曾有过高度繁荣的时期，特别是在公元前2000年左右，与希腊本土、小亚细亚、埃及都有过贸易与文化上的交流，创造了杰出的建筑艺术成就。但是在公元前14世纪到公元前12世纪期间，由于这一地区战争频繁与外族入侵，克里特－迈锡尼文化受到破坏并湮没，使这一地区的文化成了历史之谜。

爱琴文化在历史上曾有过不少美丽的传说，德国考古学家谢里曼在1870年首先对小亚细亚沿岸希腊民族的古代城市与巴尔干半岛的迈锡尼城进行考古发掘，取得了丰富的收获。20世纪初，英国考古学家伊文思继续对克里特岛的许多古代城市进行系统的发掘，也获得了令人震惊的成果。从此之后，湮没了几千年的克里特－迈锡尼文化终于得以重见天日，千古之谜终被揭开。

米诺斯王宫

克里特岛位于希腊南端的地中海内，北临爱琴海，是欧洲、亚洲、非洲海上交通的要冲，自然条件优越，物产丰富，从公元前3000年起，这里就建立了自己的国家和特有的文化。在整个克里特岛上以诺萨斯城的米诺斯王宫最为著名，从伊文思的考古发掘中可以看到米诺斯王宫由许许多多房间组成，其遗址规模之大与组合之复杂令人吃惊。希腊传说中有这样的故事，说克里特强大的国王米诺斯曾命令巧匠得丹在诺萨斯建造大型的宫殿。宫中有无数大大小小的厅堂、走廊、房间，如果身临其境，很容易使人迷失方向。人们曾把这座宫殿称为“迷宫”。的确，这座传说中的“迷宫”和发掘出的真正的米诺斯王宫相比较，确有不少相似之处，它那无数房间布置得如此错综复杂，至今仍使人费解。

米诺斯王宫大约建造于公元前1600年至公元前1500年。王宫依山而筑，中央是一个长方形的大院子，东西宽约27.4米，南北长约51.8米。整个宫殿建筑群的平面范围略呈一不整齐的正方形，每边大约为110米。由于地形的原因，西面房屋和庭院的地平面要比东面房屋高出两层。西面建筑为二层，东面房屋为三层。在建筑群的中部有一条主要大道，贯通南北，是东西两部分之间的主要联系纽带。宫殿的底层房间大部分都是做成长条形，主要用墙承重；其中一些厅堂的内部空间则做成方形，中间布置有几根柱子；柱子都是用整块石头做成的，其中绝大多数是圆柱；柱顶有方形顶板和几层圆形的柱帽，柱下没有柱础，柱身全做成上大下小的形式。这是最令人奇怪的事，正好和后来希腊古典柱式的构图相反，也几乎和古代世界所有地区的建筑都不相同。到底出自何种原因，尚待进一步考证。墙下的基座多半用条石砌成，楼板和梁也是用石料做的，因此保存得比较完好。宫殿的楼上部分各种方厅相对较多，厅中都有几根柱子，这可能与当时的结构技术有关。

国王的正殿部分在院子的西北侧，也叫双斧殿，内部十分富丽豪华。双斧是米诺斯王的象征，在双斧殿后面有国王和王后的寝宫、大厅、浴室、库房、天井等。再西面有一列狭长的仓库。底层与楼层有大楼梯相连。在宫殿的东南有阶梯可直达山下。王宫内部空间高低错落，布局开敞，走道、楼梯、柱廊设计奇特。建筑物内部墙面满布壁画，画中有生动的动物、植物以及人物装饰图案，色彩鲜艳，形象写实，具有很高的艺术水平。米诺斯王宫在公元前1400年左右的一次战乱中遭到破坏，现遗址尚存，不少部分仍能看到昔日原貌。

米诺斯王宫在外观上全都是用大块石料砌成的，房屋顶上有檐部，各层外部都做成空透的柱廊形式。柱子一律上粗下细，外部漆成鲜艳的红色，形象十分醒目。在室内布置上则创造了“正厅”的形式，所谓“正厅”是在入口处两侧墙中间布置两根柱子，退后一个门廊才是主要隔墙和大门。这种布置方式对后来古希腊与古罗马建筑的布置有广泛的影响。此外王宫建筑在注重使用要求的同时也考虑了审美的需要，使建筑与艺术结合得十分紧密，奏出了一曲令人难忘的古代建筑艺术的颂歌。

在米诺斯王宫外面的山坡上还发现有露天剧场的遗址，建造时间推测在公元前3000年到公元前2000年间。剧场是一正方形平面，西、北两面有高墙作背景，东、南两面有踏步式的看台，中间是一块很大的方形舞台，国王和贵族的座位布置在东南一角的方形位置上，这可能就是后来露天剧场最早的雏形。

迈锡尼城

和克里特岛隔海相望的希腊南部城市迈锡尼也是爱琴文化的繁荣地区。它的文化和建筑艺术的特征与克里特岛发掘出的非常相像，这证明了荷马史诗《伊利亚特》和《奥德赛》中所叙述的某些方面是可信的。史诗《伊利亚特》特别描述了特洛伊战争的过程，说到了迈锡尼王作为主帅出征特洛伊的故事，其中也对迈锡尼城及其建筑作了描述，这便成了后来谢里曼考古发掘的依据。

迈锡尼卫城大约建造于公元前1400年至公元前1200年，它位于一个高出海平面约270米的山坡上，卫城主要是作为国王和贵族的聚

迈锡尼城全景复原图

居地，周围沿地形布置有自由轮廓的城墙。东西最长处约为 250 米，南北最长处约为 174 米。城墙用大石块干砌而成，砌法有条石与乱石两种，根据不同部位的重要性而有所区别。卫城内部也是地形起伏，王宫和庙宇布置在地势最高处，从城外远远望去，十分壮观。一般民居则布置在卫城外围和山下。

在卫城的西北角有一个主要的城门，号称狮子门，它是迈锡尼的著名建筑遗迹。建造时间大约在公元前 1350 年至公元前 1300 年间。门高约为 3 米，两边有直立的石柱承托着一根石梁，长约 5 米，梁的中部较厚，约有 90 厘米，可能是考虑到中部受力的原因。梁上用叠涩方法砌成一空三角形，高约 3 米，内嵌一暗棕色石板，板前中央刻一半圆柱，也是做成上粗下细，柱上有厚重的柱头，柱下有一大基座，和克里特岛发掘的建筑形式基本相同，说明了这一时期文化的相互交流。在柱子的两旁，刻出一对跳立状的狮子，两只前腿放在台基上，造型十分生动。

迈锡尼狮子门

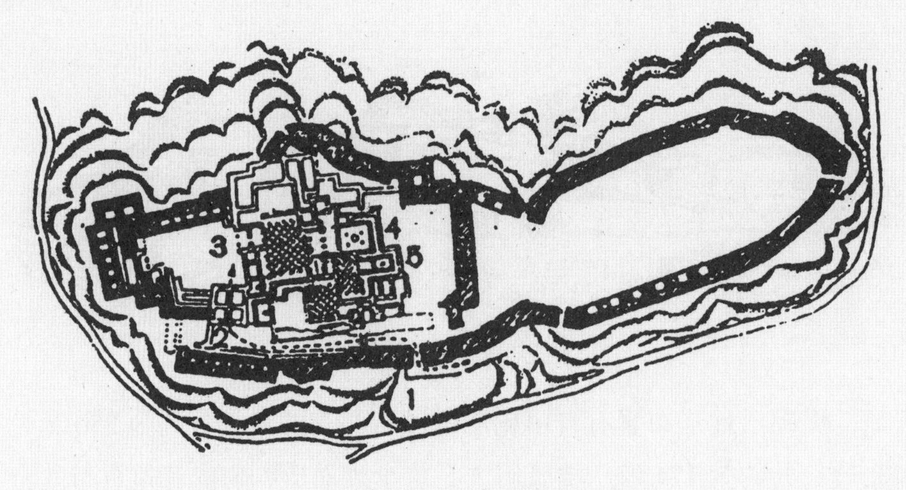

梯林斯卫城平面

迈锡尼卫城之外，还发现有一个亚特鲁斯地下宝库，建造时间大约在公元前1400年。由于在这里曾发掘出大量的黄金宝物，故而得名。其实，经过后来考证，有些专家认为这就是早期迈锡尼国王阿伽门农的坟墓。墓室的顶部结构是叠涩的尖形穹顶，直径15米，高15米。墓室前有一甬道引至墓门，宽约6米，长约35米。在墓室一边还有一个方形内室存放宝物。墓室的墙体都是用条石砌成的，表面还护有一层铜板，接缝处用黄金花朵作装饰。墓中各门楣上都有一个三角形的空当。门的两旁都有两根柱子，也是上粗下细，和爱琴时期其他建筑物具有共同的特点。

此外，在希腊南部的梯林斯山坡上也发现有宫殿的卫城，建造的时间在公元前1200年左右，城堡依山而筑成一长条形，内部的宫殿做成明显的正厅形式，在宫殿建筑群的北面是防御性的城堡。宫殿的正厅做得比较典型，入口正中有两根圆柱，具有爱琴时期的特点，也是上粗下细。在石柱的两侧是端墙，它们的上面有檐部及三角形山花和屋顶，完全是希腊古典建筑的雏形。

神秘的克里特－迈锡尼文化终于被世人揭开了面纱，它的建筑艺术和城市艺术已重见天日，为世界艺术宝库增添了一份异彩，也为我们揭示了西方古典建筑艺术的渊源。

5. 精美的希腊古典建筑

希腊古典建筑是古代世界最精美的建筑体系，是建筑与艺术结合的典范，它的影响一直延续了 2000 多年。希腊古典建筑是在希腊古典文化的基础上发展起来的，是与它得天独厚的自然条件分不开的。

希腊古典文化是指公元前 5 世纪到公元前 4 世纪时期的文化，它在文学、哲学、艺术、科学、建筑、体育等方面的水平都达到史无前例的高度。希腊在古代不是一个国家的名称，而是希腊民族沿爱琴海周围所聚居的地区的总称，它包括希腊本土、西西里岛、克里特岛、小亚细亚一带许多城邦制的国家。

希腊的古典文化是古代世界史上光辉灿烂的一页，是西方古典文化的先驱，是欧洲文化的种子。它的影响范围不仅包括黑海、地中海附近地区，它的文化还通过伊朗高原和帕米尔高原传向东方。

在气候上，希腊属于亚热带地区，最高月平均气温和最低月平均气温之差不超过 17℃，很适于人户外生活。当时运动盛行，体育建筑随之得到很大的发展。国际奥林匹克运动会就发源于希腊。希腊的建筑材料也非常丰富，山上盛产举世闻名的大理石与精美的陶土。它的大理石色美质坚，适宜于各种雕刻与装饰，给希腊建筑与艺术的发展创造了优越的条件。希腊古典时期的著名建筑师伊克提诺和卡利克拉特、著名的雕刻家菲狄亚斯的作品至今仍被视为建筑艺术的瑰宝。

希腊人的宗教观念与埃及人有很大的不同。虽然希腊也是信奉多神教，反映对自然现象的崇拜，但希腊的神是幻想的人，是永生不死的超人，而不是残酷无情的主宰。希腊的神表现出超人的能力和智慧，他们成了各行各业的保护神，所以在希腊各地庙宇盛行，它不仅是宗教的场所，也是建筑群和公共活动的中心。希腊的庙宇成了城邦繁荣的标志，也体现了希腊建筑艺术的成就。

古典柱式

希腊古典建筑最重要的成就是创造了三种古典柱式：多立克、爱奥尼和科林斯。它们那刚健优美的造型与精确细致的比例成了后来的典范。与此同时，还创造了男像柱与女像柱，作为多立克柱式与爱奥尼柱式的变体，更丰富了建筑艺术的手法。古典柱式都是用石材制作的，柱子一般可以分段拼接，也有的是整根的。古典柱式已成了古典建筑造型构图的基础，它的影响久盛不衰。

视差校正

希腊古典建筑在造型艺术上的一个重要特点是在重要建筑上考虑视差校正问题。例如柱子有侧脚，周围柱廊上的一圈檐柱都微微向建筑中心倾斜，造成视觉上的稳定感，也加强了建筑的刚性。柱子本身都做有微微向上收小的曲线，增加了柱子的饱满与弹性的感觉。柱上的檐部与柱下的基座都做成有一点微微向上的弯曲，纠正了视觉上重力在中部下垂的印象。正面的山花微微有点向前倾斜，这样可以便于人们观望时能够取得更好的视角，尽量减少对原有造型比例的视差。所有这些都是科学技术与艺术结合的成就。它表明了希腊人不受束缚的创造思想，把高度的数学精确性与适应人的直观美感有机地结合起来。

雕刻与装饰

希腊的雕刻与装饰是建筑的重要组成部分。在山花、屋顶、柱头、柱身、柱础、门窗和线脚等处都有丰富的雕饰。同时，在建筑的外表上还常常涂有各种鲜艳的色彩，使希腊的建筑艺术更为华美绚丽。

雅典卫城

希腊古典建筑中最杰出的代表是雅典卫城，它并不是国王的城堡，而是希腊古典时期的宗教圣地，同时它也是雅典国家强盛的纪念碑。早在古典时期以前，卫城一直是雅典的军事、政治和宗教的中心。在反波斯侵略的战争中，卫城全部被毁。战争胜利后，重新建造，从公元前 448 年到公元前 406 年，前后历时 42 年。可是，这一杰出的建筑艺术瑰宝也曾遭受过许多不幸，在中世纪时，神庙被充当过天主教堂、伊斯兰教礼拜寺、火药库等。17 世纪时土耳其人统治了希腊，曾把帕提农神庙用作弹药仓库，1687 年雅典城遭到威尼斯军队的袭击，弹药库爆炸了，一代名作就此受到破坏，但其残迹在废墟中仍然丰姿犹存。它的伟大成就已被现代学者列为世界建筑艺术之最，也是广大建筑工作者心目中的圣地。

近些年来，希腊政府已对卫城进行了适当整理与维修。夜晚，白色和彩色的灯光照射着大理石的废墟，同时，从麦克风中轻轻地传来当年执政官伯里克利的讲话，有时用希腊语，有时用法语或英语，使游人好像回到了黄金时代的雅典。

卫城建在一个陡峭的小山顶上，东西长约 300 米，南北最宽处为 130 米，呈不规则形的平面。建筑物分布在山顶的平台上，山势险要，只有西南面凿有一条上下的通道。

卫城中最主要的建筑是献给城邦保护神雅典娜的帕提农神庙。面朝正东，沐浴着东方第一道曙光。 它的北面，与路相隔是伊瑞克先神庙，这是供奉雅典娜和海神波塞冬的。卫城的山门在西端，山门的南

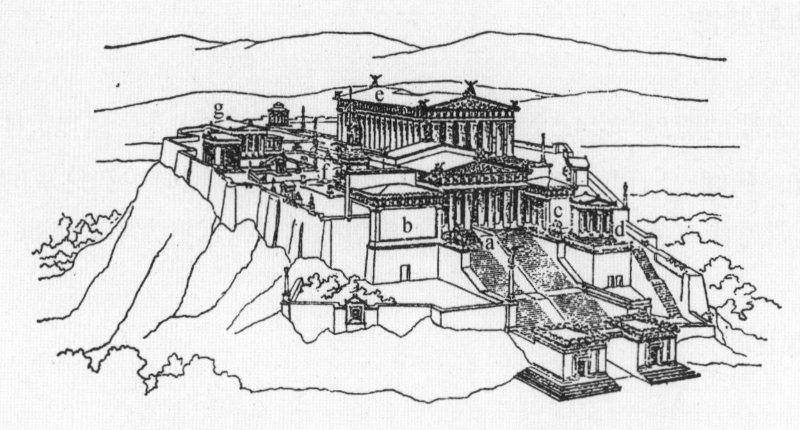

a.卫城山门　b.展览室　c.敞廊　d.胜利神庙
e.帕提农神庙　f.雅典娜女神铜像　g.伊瑞克先神庙

雅典卫城鸟瞰

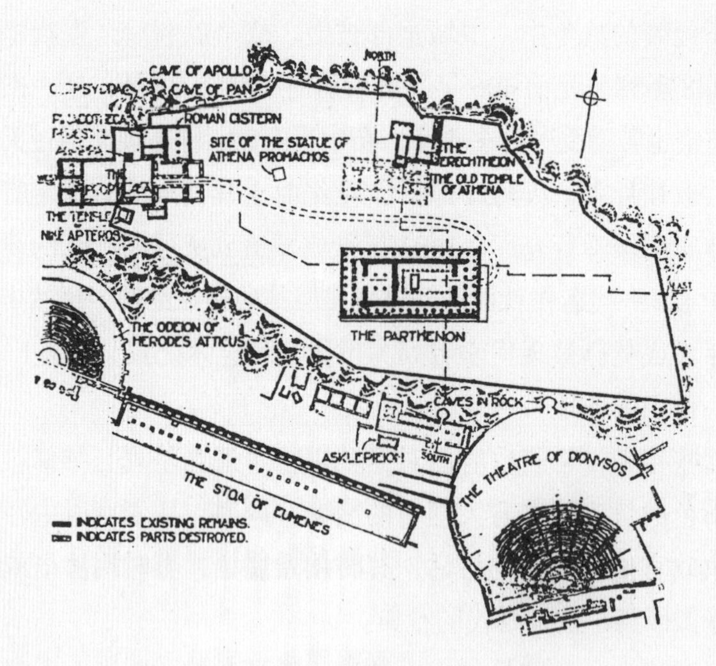

雅典卫城平面

面有一个小小的胜利神庙。建筑物的布置比较自由，充分地利用了地形，主要是考虑从卫城四周看上去都有完整的艺术效果。

雅典卫城的设计也是和祭祀雅典娜女神的仪典密切相关的。它采用了逐步展开、均衡对比、重点突出的手法，使这组建筑群给人以深刻的印象。

每年有一次祭祀雅典娜的大典，每四年有一次特大的仪典，在大典的最后一天，全雅典的居民聚集在卫城脚下西北角陶业区的广场上。献祭的行列，自此出发，经过卫城北面时，伊瑞克先神庙秀丽的门廊俯视着人群；绕到南山坡时，人们可以隐约地看到帕提农神庙。到了西南角，在8.6米高的石灰石砌成的墙基上立着胜利神的庙宇。墙的内侧挂着各式各样的战利品，唤起雅典人对战胜强大的波斯帝国的回忆。在这时，队伍行进到卫城的西面，一抬头，山门高高地屹立在山顶的边缘上，峻峭的墙基夹持着一条向上的通道。

进入卫城大门之后，迎面是一尊高达10米的金光闪闪的手持长矛的雅典娜青铜雕像。这雕像丰富了卫城的景色，统一了卫城建筑的构图，表明了建筑群的主题。绕过雕像，地势越走越高，右边呈现出宏伟端庄的帕提农神庙，它立在高高的石阶上。雄伟庄严的列柱，富丽堂皇的色彩和雕刻，体现了雅典人的智慧和力量。向左可以看到秀丽的女像柱廊。其背后是一片白色的大理石墙面，在阳光下闪烁着亮光。当队伍走到帕提农神庙的东面场地时，宰了牺牲，举行盛大的典礼。把薄纱新衣披在雅典娜神像的身上，典礼完毕，人们就在卫城上载歌载舞，欢度节日。

雅典卫城的建筑群就是按照这个仪式的全部过程来设计的。参加游行的人在每一段路程中，无论在山下或者在山上，都能看到不同的建筑景象，并且在不断地变换着画面。

为了考虑山下人的观瞻，建筑物大体上沿周边布置；为了照顾到山上人们的观赏视点，建筑物不是机械的平行或对称的布置，而是因地制宜，突出重点。将最好的角度朝向人群，用雅典娜的青铜雕像把分散的建筑物统一起来。

建筑群突出了帕提农神庙。它的位置是卫城的最高点，体量最大，在建筑群中，是唯一的周围柱廊式的建筑，风格庄重宏伟。其他建筑物，在整个建筑群中都起陪衬对比作用。

雅典卫城是希腊古典时期最杰出的作品，历史上曾留下了不少赞美它的记载。1 世纪时的希腊历史学家普鲁塔克在描写雅典卫城的建设时说：“大厦巍峨耸立，宏伟卓越，轮廓秀丽，无与伦比，因为匠师各尽其技，各逞其能，彼此竞赛，不甘落后。”雅典卫城已成了人类文化的宝贵遗产。

帕提农神庙

帕提农神庙是雅典卫城上的主题建筑，始建于公元前 447 年，直到公元前 438 年建成。全部雕刻完成在公元前 432 年。建筑师是卡利克拉特和伊克提诺，雕刻家是著名的菲狄亚斯。

帕提农神庙不仅是宗教的圣地，而且是雅典的国家财库和档案馆。它象征着雅典在与波斯帝国的战争中所取得的胜利。

帕提农神庙采用了周围柱廊式的造型，平面为长方形。它打破了过去希腊神庙正立面 6 根柱子的传统习惯，大胆地应用了 8 根多立克柱子，侧立面是 17 根柱子，高度为 10. 4 米，台基的面积为 30. 89 米 × 69. 54 米，是希腊最大的多立克柱式的庙宇。虽然它的体量很大，但尺度合宜。檐部相对较薄，柱子刚强有力，柱高是柱径的 5.47 倍，因为四周是一圈柱廊，使人感觉比较开敞爽朗，不感到沉重压抑。其他各部分的比例也很匀称，并综合地应用了视差校正的手法。例如角柱加粗，柱子有收分、卷杀，各柱均微向里倾，中间柱子的间距略微加大，边柱的柱距适当减小，把台基的地平线在中间稍微突起等等，以纠正错误的视觉，使建筑的整体造型非常挺拔，细部处理非常精致。

神庙正殿的内部使用了三面围合的叠柱，形成一个内部空间的围廊，在围廊的西端两侧还设有两座小楼梯可以上到夹层空间。围廊中间衬托着手持长矛的雅典娜女神雕像。根据记载，不仅雕像制作精美，而且雕像全部是用象牙和黄金镶嵌的，真可谓价值连城。遗憾的是现在实物已荡然无存，只能让人从记载中来想象它的华贵了。

正殿神像的后面是一堵墙，隔出一个西向的完整空间，这是国家的财库和档案馆，里面用四根爱奥尼柱支撑着屋顶。爱奥尼柱式和多

帕提农神庙

立克柱式在一座建筑中同时使用，这还是现存古希腊建筑中的首例。

帕提农神庙周围柱廊内的檐壁上，刻着连续不断的浮雕。题材是节日时向雅典娜献祭的行列，雅典娜的浮雕像在东端的正中央。雕刻家安排浮雕的人群大队的起点在西南角，分成两路，一路沿南边，一路经过西边、北边而到达东端的雅典娜像前。

这些浮雕的人群和节日出游的人群遥相呼应，融合一体，是出自雕刻家的艺术构思。

东部的三角形山花上，雕刻着雅典娜诞生的故事；西部的山花，雕刻着波塞冬和雅典娜争夺对雅典保护权的故事。浮雕放弃呆板、对称的布置手法，使雕刻的内容和形式与山花的三角形有机地结合起来，创造了体态多变、构图新颖的画面。

外檐壁的处理，使用三陇板和陇间壁划分成方整规则的小块，其排列和柱子有机地结合起来。三陇板之间的陇间壁上刻成浮雕，题材是拉比斯人和半人半马之战，以及希腊人与亚马孙人之战，共有 392 块浮雕，寓意希腊人战胜波斯帝国。

整座帕提农神庙用白色大理石建成。除了雄健有力的多立克柱式和生动逼真的雕刻外，还采用了大量的镀金青铜饰件，以及鲜艳的红、蓝、黄为主的色彩，使帕提农神庙更加雄伟壮丽，具有隆重的节日气氛。

帕提农神庙不仅是建筑史上的里程碑，也是艺术史上的杰作。它是希腊人智慧的表现，是建筑艺术的结晶。

伊瑞克先神庙

伊瑞克先神庙是卫城上最精致而有变化的建筑，建于公元前420年到公元前393年。位置在帕提农神庙的北面，地势高低不平，起伏很大。根据地形和使用的需要，成功地应用了不对称的构图手法，打破了在庙宇中一贯严整对称的传统布置，成为希腊神庙建筑中的特例。

庙的规模不大，由三个部分组成，以东面神殿为最大，北面门廊次之，南面女像柱廊最小。神庙的东面外观，用的是爱奥尼柱式，但神庙的东部室外地坪比西部室外地坪高出3.2米，为了要处理成一个完整的空间，就在西部建成一个高台基，与东部室外地坪取齐，作为西面的墙基。外部看来是一个整体，也丰富了建筑的造型。这样西面的入口，只好采用在北部加设门廊的办法。因北部地坪和西部一样，东部和南部一样，所以从东面或西面望去都很匀称。从山下仰望西立面时，这六根爱奥尼柱子也很明显。

伊瑞克先神庙

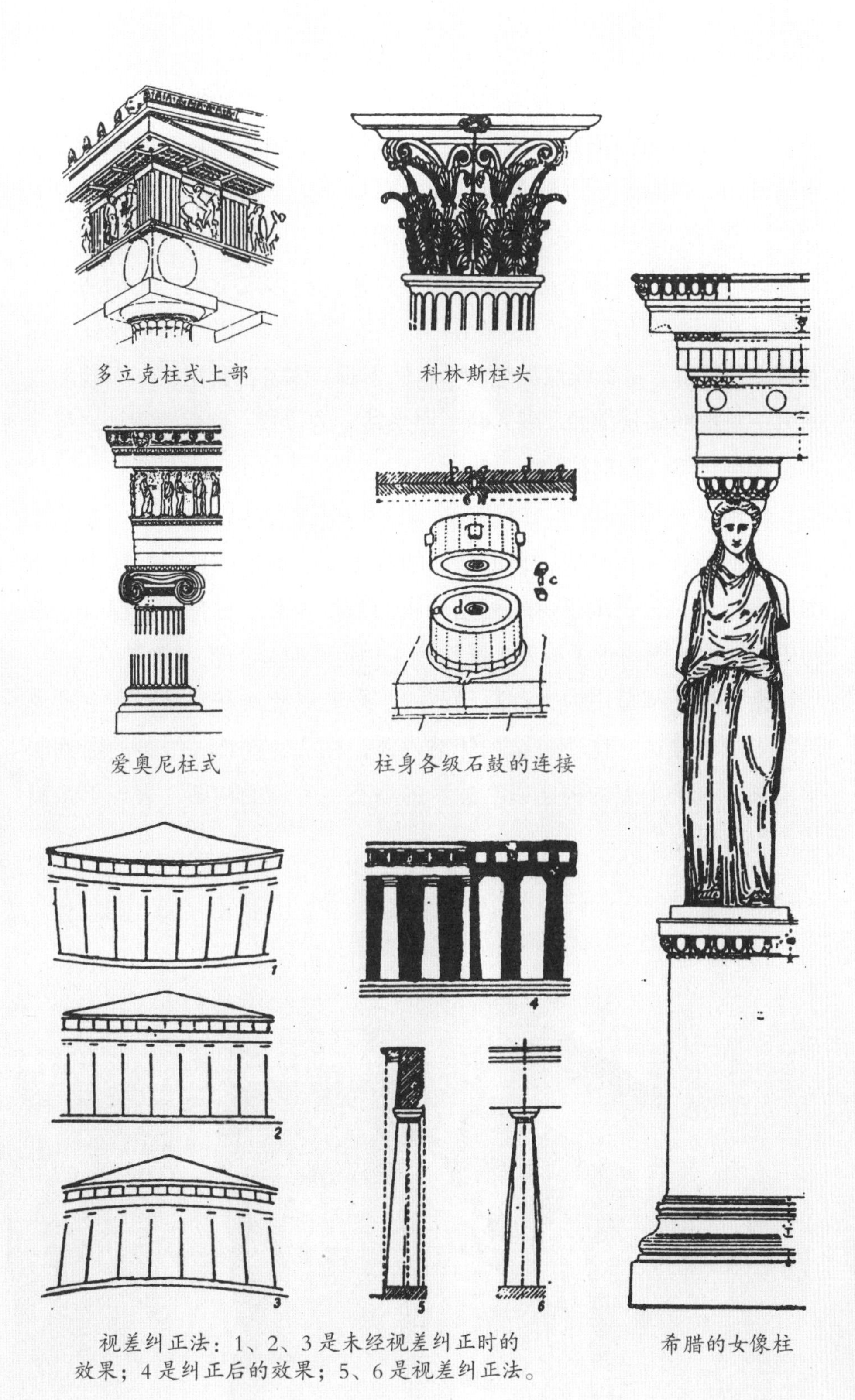

多立克柱式上部

科林斯柱头

爱奥尼柱式

柱身各级石鼓的连接

视差纠正法：1、2、3是未经视差纠正时的效果；4是纠正后的效果；5、6是视差纠正法。

希腊的女像柱

伊瑞克先神庙与帕提农神庙隔路相望，如果南面外观的处理也用列柱，就显得与帕提农神庙重复，而且景色单调。并且，伊瑞克先神庙的规模、体量都不及帕提农神庙，更显得很不相称。所以用了一大片白大理石的实墙，一方面加重了伊瑞克先神庙的体量和质感，另一方面又与帕提农神庙空透的列柱形成对比，相形之下更为生动活泼。同时，在南部突出部分的矮墙上，做成女像柱廊，用六根女像柱支撑着较薄的檐部。每个雕像都是两手自然下垂，体量都集中在一条腿上，而另一条腿的膝盖微曲，脚离开了原来站定的位置，有婀娜欲动之势，神态优美自然，雕刻精致。

伊瑞克先神庙小巧、精致、生动，与帕提农神庙的庞大体量、粗壮有力的列柱遥相呼应，形成强烈的对比。这不仅体现了帕提农神庙的庄重雄伟，也表现了伊瑞克先神庙的精致秀丽。每个雕像都有一点向中间倾斜，既纠正了视差，又达到了稳定和整体的艺术效果。

整个神庙都是用白大理石建造的。爱奥尼柱式和女像柱在一幢建筑物上同时使用，比例、结构和谐得体，柱头、花饰、线脚的雕刻非常精细。这个不大的神庙以其独特的姿态、生动的构图，表现了希腊建筑的高超技艺。

女像柱廊

公共建筑

希腊古典建筑中除了住宅、庙宇之类，在公共建筑与纪念性建筑方面也有所发展，如露天剧场、运动场、体育馆、议事厅、商场、图书馆、音乐纪念亭、风塔等都取得了很高的成就，其中露天剧场的形制是现代同类型建筑的先驱。埃比道拉斯剧场是希腊露天剧场中最著名的一个，它建于公元前350年左右。表演区是一块圆形的平地，直径为20米，它的后面原来有一个两层的舞台；在圆形表演区的前面是依山而筑的扇形阶梯式看台，共有32排座位，直径达到113米，上下分为两区，每区间还有许多垂直的过道作为上下的通路。露天剧场的视觉与声响都有较好的效果，反映出当时的建筑科学也已经具有很高的水平。

此外，哈利卡纳苏的摩索拉斯陵墓和以弗所的阿尔忒弥斯神庙曾被列为世界奇观，前者建于公元前353年左右，后者建于公元前356年左右，虽然实物早已荡然无存，但从历史记载中可以推测它们的规模与造型都十分壮观。

古代希腊人多才多艺，他们在古典时期创造了光辉灿烂的文化，也为建筑艺术建立了不朽的丰碑。这是特定历史条件下的产物，这个时代已经一去不复返了。

6. 罗马帝国的雄伟印记

罗马帝国是古代世界最强大的国家，版图跨欧洲、亚洲、非洲。自从奥古斯都大帝在公元前 27 年建立帝国以后，先后繁荣了四个世纪。由于社会内部矛盾重重，统一的大帝国终于在公元 395 年分裂了。

罗马帝国时期的城市建设与建筑活动，在历史上留下了光辉的一页，其规模、技术和艺术都取得了伟大的成就。我们可以看到，昔日罗马帝国范围内所留下的无数建筑遗物，无不具有强大帝国的印记，成为活生生的历史写照。

罗马城

号称“永恒之城”和“世界首都”的罗马，在帝国时期是政治、经济、军事中心，为了对外扩张和统治的需要，帝国从罗马向四面八方建设了许多宽阔的道路，因此，自古以来就有“条条大路通罗马”的美誉。

古罗马城是自然发展而成的城市，平面很不规则，在总体布置上没有多大特色。但中心区及个体建筑却有杰出的成就，而且市政工程相当完善。城市最早的中心在帕拉蒂尼山，面积约 300 米 ×300 米，地形向西北倾斜。山顶有天然的蓄水池，供应全城用水。山谷中有一条小河自然形成了城市的排水渠，经台伯河而入海。后来罗马城就逐

罗马纳沃纳广场

渐靠近台伯河两岸发展起来。

城市的中心广场在帕拉蒂尼山北面，中心广场的南、西、北三面都有对外交通的道路，道路的路面与排水工程的质量都很好。大路宽达 20~30 米，小路宽 4~5 米。和后来欧洲其他城市的情况一样，古罗马的道路虽好，但一般居住情况很差，和中心区的建筑有天壤之别。

罗马城在帝国时期发展很快，人口达到 150 万 ~200 万，比共和国时期增加了 10 倍，是当时世界上最大的城市，但城市用地只增加了 1 倍。山上是统治阶级的宫殿、别墅，市中心是广场与纪念性建筑，而其他地方的居住建筑则发展成拥挤的多层公寓，这时最高的公寓已建到 8 层，由于质量问题，经常发生倒塌现象。土地在罗马城显得日益紧张，土地投机的生意在罗马帝国时代已经开始出现了。

今天罗马最严重的交通问题在当时业已存在，那时道路被摊贩和人群拥塞着，在共和国时期，罗马法律曾规定只有在夜间才能行车，以供应生活用品。当时以为只要把排水搞好，就能使居民生活得很好，因而忽视了交通问题。直到恺撒统治时期这一问题才得到重视。他的继承者奥古斯都大帝，第一位罗马帝国的皇帝，在道路交通与城市建筑方面进一步做了许多工作，才使罗马城有所改观。所以他自豪地说：

“我走进了一个砖、瓦和石头拥塞的城市，但我走出了一个大理石建造的城市。”

公元330年，经过长时期建设与扩大，罗马城已达到了很大的规模，全城共有13座城门，有11条输水道，道路四通八达，虽总体布置缺乏规划，但公共建筑与广场建设还是颇负盛名的。

广场

罗马的广场与希腊的广场大抵相同，广阔开敞，可供市民公共聚会之用，也是政治活动的中心，同时兼有宗教、法律、商业之功用。广场四周有各种建筑围绕，如法庭、神庙、回廊、凯旋门、纪念碑、档案库等。这种类型的广场，早在共和国时期已很盛行，到帝国时期更加以发展，特别是罗马帝国的皇帝都要为自己建造一个这样的广场，逐渐也就使公共性变成纪念性了。这时期比较著名的有奥古斯都广场和图拉真广场等。

图拉真广场建于112至117年，是当时罗马城中最大最雄伟的广场。在平面布置上采取了对称布置的手法，使这个广场有着纪念性的严整布局，同时在平面布置上用一根轴线将许多空间联系起来。入口为一

古罗马的广场群复原图

凯旋门，进入后第一个空间便是广场的主要露天场地，长 120 米，宽 90 米，地面用各色大理石板铺砌，广场中间立着图拉真的骑马镀金铜像，两旁为半圆形廊。广场后面是一个大法庭，又称之为巴西利卡，它的纵轴与广场的纵轴相垂直。人从长边进去，大厅两端的半圆形龛加强了它横长的感觉。厅长 159 米，深 55 米，沿墙有两排列柱，里排柱子用灰色花岗石做柱身，白色大理石做柱头，外周柱子是浅绿色的。大厅内部墙面贴着镀金的铜片，装饰着无数雕像。法庭后面是一个小院子，院子两侧分别为拉丁文和希腊文的图书馆。在这个长宽都不过十几米的长方形院子里矗立着连基座和雕像总高 43 米的图拉真纪功柱（114 年）。柱子的底径 3.7 米，高 29.77 米，柱身上缠绕着长达 61 米的浮雕，绕柱 23 匝，刻着图拉真两次与达奇亚战争的场景。柱头上立着皇帝的雕像。要看清柱子上的全部雕刻和图拉真像，必须从一个楼梯走上图书馆的屋顶。柱子中央是空的，有盘旋的白色大理石楼梯可以上去。从这个有纪功柱的小院子穿过一个柱廊，又进入另一个较大的院子，院子正中是图拉真的祭庙，这个华丽的祭庙结束了整个广场建筑群。

图拉真广场一连串空间的纵横、大小、开闭的变化以及相应的艺术处理，反映了建造者用建筑造成神秘感来神化皇帝的意图。拉丁文和希腊文图书馆的设置，是为了表彰皇帝不仅有“赫赫武功”，而且还有“融融文治”。

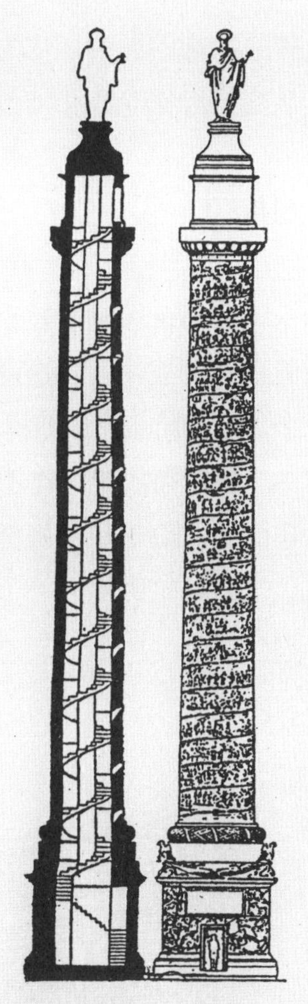

图拉真纪功柱

在罗马市中心的这些广场，彼此拥挤，

彼此妨碍，没有合理的联系。广场也不照顾周围的街道、市场、住宅区和地形。这是因为皇帝们想在传统的市中心修建自己的纪念物，可是又受到原有建筑物的限制，不能为所欲为地占用城市土地。同时，每一个皇帝都想突出地表现自己，根本不考虑过去已有的广场。这种混乱造成了广场建筑群已逐渐变成纪念建筑而失去全民意义的结果。

罗马市中心的广场建筑群在中世纪时，由于战争的破坏和天主教排除异端的影响，化为一片废墟，图拉真广场也不例外，但今天仍能从这些遗迹中想象到它昔日的英姿。

凯旋门

罗马帝国时期最重要的纪念性建筑就是凯旋门，一般都是为了表彰皇帝的战功而建造的，位置都在城市的中心地段。罗马市中心有三个著名的凯旋门，即提图斯凯旋门、塞维鲁凯旋门、君士坦丁凯旋门。

提图斯凯旋门建于公元 81 年，是提图斯皇帝为表彰自己的战功而建的，它位于从罗姆努广场到大斗兽场的路上。这是一个造型优美的建筑，外轮廓接近一个正方形，总高约 14.5 米，中间有一个大拱券，

塞维鲁凯旋门

提图斯凯旋门

跨度为5.35米。它的进深很厚，基座有力，女儿墙很厚重，所以稳重庄严。凯旋门的正面用了四根华丽的混合柱式装饰。墙面用白色大理石。檐壁上刻着凯旋时向神灵献祭的行列，券面外刻着飞翔的胜利神，门洞内侧刻着凯旋仪式，一边刻的是提图斯皇帝坐在马车上，另一边刻的是攻陷耶路撒冷的战绩，雕刻把罗马皇帝的胜利“永恒”地记载下来。雕刻的主题和部位都符合建筑物的性质。把主题雕刻放在门洞内，可以让人看得清楚，并减少风雨的侵蚀，同时也符合凯旋者的行进方向。提图斯凯旋门的造型成了后来许多凯旋门的榜样，巴黎星形广场上的巨大凯旋门就是以提图斯凯旋门为范本的。

建于203年的塞维鲁凯旋门和建于312年的君士坦丁凯旋门都是三券洞的造型，正面轮廓也是正方形，全部由白大理石建造。表面继承了提图斯凯旋门的传统手法，采用四根混合柱式，女儿墙很高，上面刻着国王的功绩。在墙身上布满了浮雕，都是歌功颂德的内容，也反映了帝国后期追求华丽装饰的时尚。

角斗场

角斗场是罗马人特有的一种竞技娱乐性建筑，它用来表演最血腥、最野蛮的角斗，以满足统治阶级的感官刺激。这种建筑在共和国时期就已经有了，平面都是椭圆形的，因此也常称之为圆形剧场。这种角斗场在罗马帝国境内非常普遍，其中以罗马市中心东南的角斗场最为著名。

大斗兽场

罗马角斗场也被称为大斗兽场，它是罗马建筑最典型的代表。大斗兽场建于公元 70 至 82 年，原来只有三层，顶层部分是 3 世纪时加上去的。大斗兽场一般是观看角斗士和野兽搏斗，或角斗士与角斗士搏斗，甚至是一群角斗士和另一群角斗士搏斗，直到一方全部死亡为止。根据历史记载，在庆祝落成典礼的 100 天中就有 5000 头野兽在这里被杀死，由此可以想到死于非命的角斗士也不在少数。

大斗兽场的平面呈椭圆形，它的长轴 188 米，短轴 156 米，内部可以容纳 5 万至 8 万名观众。周围座位约 60 排，对外有 80 个出入口，集散都非常方便。看台下空间分为与座位分区相应的三层，每层都有环形的休息廊，下面有墙支撑着三层楼板，使建筑空间得到最充分的利用。建筑物的墙壁和楼板全部都是用天然混凝土浇筑的，外表用细密的灰华石贴面，而大理石则用于柱子、座位、装饰及雕像。

大斗兽场的结构非常坚固，罗马人曾自豪地说："圆形剧场倒塌，罗马就要灭亡。"然而罗马帝国早已覆灭了，但大斗兽场的遗迹至今犹存，它是古罗马建筑中最雄伟的作品。

在斗兽场中心，有一个长轴 86 米、短轴 54 米的椭圆形平地，这就是血腥的角斗表演区。在表演区和第一排看台之间有 5 米左右高的

大斗兽场

墙面，不论角斗士或野兽都不能伤害坐在那里的特权观众。

大斗兽场的外墙高48.5米，分为四层，下面三层是连绵不断的券廊，绕斗兽场一周，每层各有80个券洞，在二、三层的券洞中原来都放有一尊雕像，增加了外表的装饰性。在顶部竖立着一圈旗杆，表演之日，旌旗飘扬，更增加了奢华的气氛。在斗兽场内，夏日还可以拉上布篷遮阳，座位下面还通上水管用来降温。大斗兽场既反映了奴隶主阶层的骄奢残酷，也体现了罗马帝国建筑技术与艺术的成就。

万神庙

万神庙建于120至125年，是罗马圆形庙宇中最大的一个，保存得比较完整。神庙面对着广场，坐南朝北。神庙前广场上立着从埃及搬来的方尖石碑。神庙的平面可分成两部分。门廊由前面8根科林斯柱子和后面两排8根柱子组成，放在高高的台阶上；台阶宽33.5米，深18米。后面是圆形的神殿和两个壁龛，里面原来放着奥古斯都和阿格里帕的大雕像。

万神庙科林斯柱头

万神庙内部

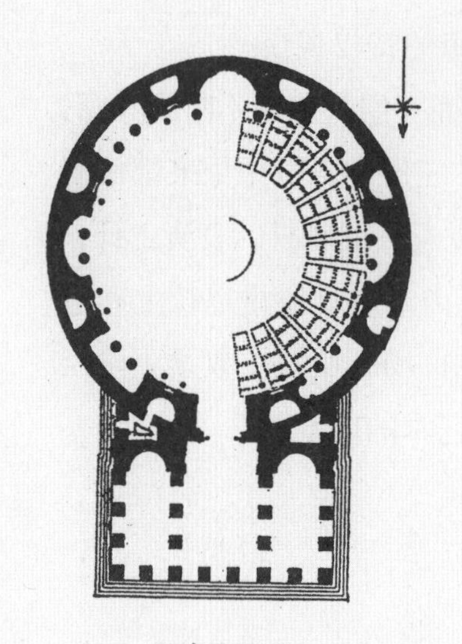
万神庙平面

神殿平面为圆形，直径 43.2 米，墙厚为 6.2 米，上面覆盖着半球形的穹隆顶，顶端距地也是 43.2 米，中间有一个直径 8.9 米的圆形天窗，是唯一的采光口。穹隆顶和墙身都是用混凝土浇筑的。为了减轻自身重量，又在环形的墙体内挖了 7 个壁龛和 8 个封闭垂直的空洞。圆形神殿的内部处理很统一，龛的立面都做成用两根科林斯柱子支撑着檐部的线脚，科林斯的檐口上部靠近穹隆顶还有一层檐。两层檐口把神殿内部墙面水平划分成上小下大的两段，很近于黄金分割的比例。再加上圆形的穹隆顶，用凹陷的方格形图案作装饰，不仅减轻了屋顶的自重，而且构成上小下大的五排天花，越向上越小，强调着它的高度。加上顶部采光产生阴影的变化，更增强了室内空间的效果。内部墙面和柱子都用大理石装饰，整个室内感觉和谐宏大。

万神庙剖面

万神庙的外观比较封闭、沉闷。门廊柱高 14.5 米，16 根柱子是从别处拆来的，色泽不一致。柱头、檐部、柱础是白色大理石，柱身是深黄色的花岗石。门廊的檐部、山花原有青铜铸的雕刻，门廊下的大门包着镀金的铜片，穹隆顶的面层也是镀

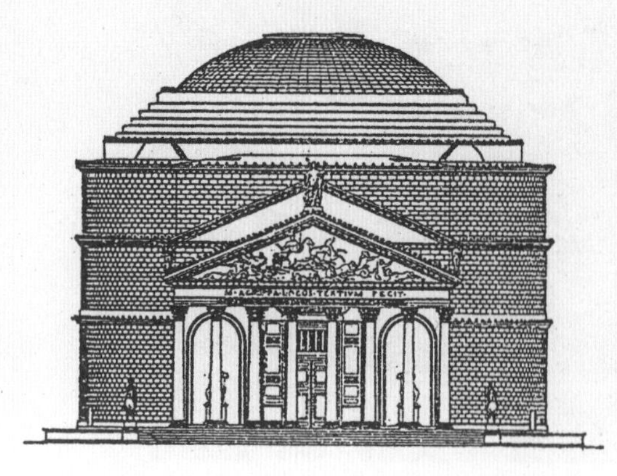
万神庙正立面

金铜片包的，其余各处也都有这种光亮夺目的装饰物。由于它的富丽多彩，减少了封闭沉闷的感觉。可惜由于历史的变迁，山花上的青铜雕刻现已不存。

这座神庙充分体现了当时罗马建筑的设计和技术水平，无论是体形、平面，还是外观和室内处理，都堪称古典建筑的代表。

浴场

浴场是古罗马时代最重要的公共建筑类型，它的功能要求与空间组织都极为复杂。早在共和国时期就已经有了浴场，里面除了有冷水浴池、热水浴池、温水浴池和蒸汽浴池等几个主要大厅之外，还有各种休息娱乐的房间，如交谊室、音乐厅、图书馆和运动场等。

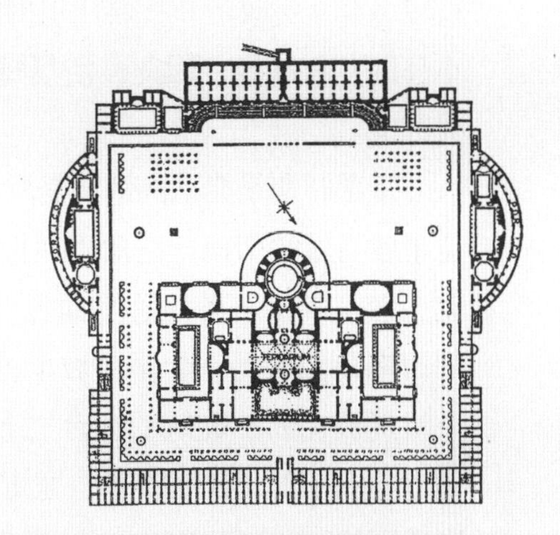
卡拉卡拉浴场平面

由于功能和结构复杂，浴场最早抛弃了木屋顶结构，而代之以天然混凝土的拱顶和混凝土的墙身。设备也很完善，地板、墙面甚至屋顶都是可以取暖的，在它们里面通上孔道，输入热水或热烟，它们就散发出舒适的热气来。

卡拉卡拉浴场内部复原图

公元2—3世纪的帝国时期，在罗马城里和外省各地都建造了不少这样的浴场。仅在罗马城里，大的浴场就有11个，小的竟达800多个。无所事事的人们从早到晚在浴场里混日子，也有人在里面谈买卖、搞

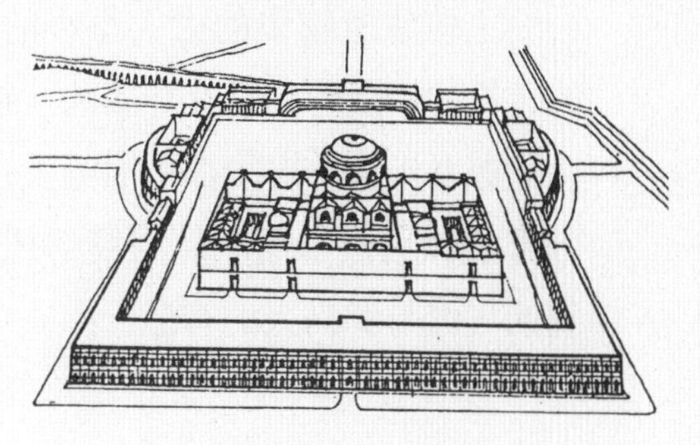
卡拉卡拉浴场鸟瞰复原图

政治。罗马的大浴场内外都是大理石贴面，并有无数雕像和高级石头的柱子，是极华丽的公共建筑物。

浴场宽大的建筑是符合“世界首都”的生活要求的。罗马城多数的市民是居住在多层公寓和不通风、闷热、光线不好、拥挤、狭窄的街道里，罗马的统治阶级为了笼络自由民阶层，把浴场作为娱乐建筑以转移群众对政治和社会压迫的注意力。浴场四周还有游泳池、林荫道、小公园、运动场，因此，浴场每天都被许许多多罗马人所光顾就不足为奇了。

帝国时期最典型的浴场是罗马的卡拉卡拉浴场，建于211至217年，位于罗马城的南面，它的规模极其庞大，可同时容纳1600人在内部活动。卡拉卡拉浴场的总平面近于方形，面积为353米 ×335米。浴场的西南角伸入到一个小山坡上，东北面在街上升起6米高的基座，整个浴场放在人工砌筑的高台之上，在它的下面有走廊和房间。浴场主体建筑在中部，长216米，宽122米。主体建筑的三面为40米宽的庭园所围绕，有林荫道和花坛、喷泉。在主体建筑的后方有运动场及看台，同时还有一些附属建筑物。运动场看台后面有两层两排蓄水池，总容水量能达33000立方米，上下水道具有完善的设备，能在几分钟内将水换到任何浴池中去。

卡拉卡拉浴场的主体建筑的布置是对称的。冷水浴池、温水浴池、热水浴池的大厅安排在中轴线上。在它们的两侧，对称地布置着更衣室、洗涤室、按摩室和蒸汽室。大门开在两侧，可以把进入浴池之前的人流分为两部分。

主体建筑物中的大大小小的厅、室有各种各样的形状，方的、扁的、长的、圆的，以及开敞的、封闭的、有柱廊的、无柱廊的，等等，变化非常丰富。房间都用混凝土拱顶覆盖，中央大厅的跨度达到23米，内部装饰也极华丽。从浴场的规模与建筑艺术处理上都反映了罗马建筑的气派与罗马人的智慧。

宫殿

罗马城内的帕拉蒂尼山是罗马历代帝王宫殿的所在地。这组宫殿建筑群建于公元 3 年至 212 年。首先由奥古斯都大帝开始，然后许多皇帝都兴建与扩建，其中以道密先扩建的一组宫殿最为出色。它的平面中轴对称，行政办公、花园及生活部分都有明确的划分。宫殿正面是一排云石柱廊，进去就是大殿，大殿的一边是家庙，另一边是法庭，它象征着帝王在宗教和法律之间有着无上的权威。大殿后有廊院、宴会厅、水池、喷泉等。建筑物地面用大理石铺砌图案，墙上有云石的柱子及壁画，室内还设有壁龛，陈列着希腊的雕像。可惜这组建筑早已被毁，而遗迹尚能辨认。

在罗马郊区的蒂沃利小镇上，有哈德良皇帝的离宫，建于公元 126 年，遗迹保存得还比较完整，规模十分巨大，不仅有各种建筑物，而且还有雕刻装饰的花园，至今柱廊与雕像仍大部分保持原状，其精致优雅的景观令人赞叹不已。此外在巴尔干半岛西北部的斯普利特海边，戴克利先皇帝曾于公元 300 年建造了一座离宫，总平面呈长方形，四

哈德良离宫遗址

戴克利先离宫

面有高墙、碉楼，很像罗马的兵营。离宫内有十字形的干道，临海的一面有精美的回廊，长 158 米，宽 7.2 米，其中陈列着许多著名的艺术作品。目前离宫的一些主体建筑遗迹尚存，已成了旅游胜地；离宫的其他废墟则逐渐形成了一个小镇，变成配套的旅游服务设施。

罗马帝国辉煌的时代早已过去，罗马帝国的建筑遗迹却永远是当时历史的见证。

第三章

第三章 世界建筑艺术的成就

世界上每个民族每个国家都为人类建筑艺术作过贡献，在建筑类型、建筑技术、建筑造型、建筑装饰方面都有过不同的成就。回顾和欣赏这些建筑艺术的成就，不仅能使我们增加建筑艺术的知识，提高建筑艺术修养，而且还可以使我们获得美感，促进我们共同努力创造美丽的城市与建筑。

人类的文明进入封建社会之后，社会分工更细了，建筑技术更进步了，建筑造型更丰富了，建筑艺术的领域犹如开满美丽花朵的百花园。中国的封建社会延续时间较长，基本上是中央集权的大帝国，因此建筑艺术的成就最明显地体现在宫殿、皇家园林和各种庙宇上，在总体布置、利用地形、建筑造型处理、建筑色彩等方面都有独特的成就。

欧洲的封建社会时期，宗教占有相当重要的地位，因此宗教建筑在这时期的建筑中具有最突出的意义。罗马帝国末期，基督教得到良好的发展机会。公元313年，基督教被罗马帝国统治阶级利用，宣布为合法宗教以后，新兴的基督教就开始建造教堂。公元395年罗马帝国分裂为东、西罗马帝国。公元476年西罗马帝国灭亡。在早期的封建社会里，经济力量还很薄弱，教堂建筑只能从罗马遗留的建筑废墟中搬来一些材料，或是利用罗马留下的法庭加以修建，以适应宗教的需要，因此逐渐产生了一种特殊的建筑风格，后来便称之为初期基督教建筑。

东罗马帝国建都拜占庭（后改称君士坦丁堡，即今土耳其伊斯坦布尔），故亦称拜占庭帝国，它的兴盛期从公元395年一直延续到1453年。在封建社会时期，这是一个重要阶段，建造了不少宫殿、城堡和教堂。建筑上融合了东、西方的传统，特别是在拱顶结构和造型艺术上有很大的发展。著名的圣索菲亚大教堂和威尼斯的圣马可教堂就是很典型的例子。

从7世纪开始，在阿拉伯、中东、北非、西班牙等地区建立了伊斯兰教的国家。这些国家是政教合一的。依从伊斯兰教的宗教信仰，建筑形成了伊斯兰的独特风格。这种风格的建筑在埃及、西班牙表现得最为突出。此外，印度北部地区在中世纪时也曾建立过伊斯兰教的国家，阿格拉的泰吉·玛哈尔陵（也译为“泰姬陵”）便是一个著名的伊斯兰建筑风格的实例。

印度在中世纪时是许多分散的封建小国。除了伊斯兰教建筑有一定影响之外，传统的佛教、印度教、耆那教都在建筑方面留下了许多重要的遗迹，表现了悠久的历史文化。

日本在中世纪时吸收了大量的中国文化，接受了中国的建筑传统，尤其是在木建筑上表现得最为明显。日本奈良的法隆寺、唐招提寺（759年）都是很典型的例子。同时，日本的住宅与园林则有着强烈的民族特色。

俄罗斯在10世纪开始建立自己的封建国家。它吸收了拜占庭建筑的经验，并发展了本民族的传统，很快形成了自己特有的建筑风格。莫斯科的瓦西里教堂（1560年）、克里姆林宫（15—16世纪）以及圣彼得堡的冬宫（1754—1762年）都是比较有代表性的例子。

10—11世纪时期的欧洲各国，在继承后期罗马建筑传统的基础上，发展了各个地区的特点，形成了所谓的罗马风建筑，也称之为罗曼建筑。这种建筑风格经常以连续的券廊围绕着建筑，下面是一根根柱子，在建筑的檐口上还常常密布着连续的小券装饰，使得建筑表面显得比过去轻巧多了。意大利比萨大教堂的一组建筑便是这一建筑风格的代表。

在 11 世纪末 12 世纪初，法国形成了新的哥特建筑风格，后来在 12—15 世纪时发展成为欧洲最大的建筑系统。它运用了新的结构方法，把尖券和框架有机地结合起来，解决了大跨度拱券的困难，并大大地减轻了建筑物墙壁和屋顶的重量。这种风格的教堂经常应用尖塔与垂直线条的装饰，表现基督教崇高与超尘脱俗的幻觉。法国巴黎圣母院、意大利米兰大教堂、德国科隆大教堂都是这种建筑风格的著名实例。

15—17 世纪，欧洲兴起了文艺复兴运动，它标志着资本主义的萌芽和人文主义思想的抬头，在建筑上则表现为古典风格的复活。文艺复兴时期已将古典建筑发展到了一个新的水平，在建筑类型、建筑艺术、建筑技术等方面都取得了杰出的成就，威尼斯圣马可广场便是最突出的代表。

1. 中世纪的基督教堂

欧洲中世纪前期的基督教堂都是属于罗马风的式样，它往往在罗马古典建筑的基础上把造型进行简化，外部围上柱廊，内部布置采用拉丁十字形，中殿较长，两侧厅较短，象征着基督教的教义。比较典型的例子是意大利比萨大教堂，它包括主教堂（1063—1181 年）、洗礼堂（1153—1265 年）和钟塔（1174—1265 年）。洗礼堂在最前面，教堂在中间，钟塔在最后。三座建筑的外墙都是用白色与红色相间的云石砌成，墙面上装饰有同样的层叠的半圆形连续券，形成统一的构图。

特别值得提出的是钟塔，高 50 余米，直径 15.8 米，因地基关系倾斜得很厉害，其顶层中心垂直线距底层中心 4 米左右，故有斜塔之称。由于它的基础在第二层刚建成时就开始向一边下沉，建造者无法纠正倾斜，到第四层时不得不停了下来。60 年以后，倾斜没有增加，于是又加了三层，并有意纠正一点斜度，高度达 45 米。塔顶的钟楼到 1350 年才建成。现在比萨斜塔已成为世界一景，同时它更因为伽利略在斜塔上做过重力加速度试验而闻名于世。但是近年来斜塔的倾斜度又发现有新发展，经过意大利工程技术人员几年来认真艰苦的探索，已通过向比萨斜塔的基坑内注入液氮的方法，使塔暂时停止了继续倾斜。

欧洲中世纪后期的基督教堂大多采用哥特风格，它和古典建筑形式完全不同，是建筑百花园中一朵奇异的鲜花。

“哥特”本是欧洲一个半开化的民族——哥特族的名称。文艺复兴时期的艺术家们认为12世纪到14世纪的欧洲艺术是罗马古典艺术的破坏者，因此用“哥特”这个名字称呼当时的艺术与建筑。其实这种称呼并不很公正，在建筑方面，这时期由于城市的兴起、手工业的发展与进步，在建筑技术与结构方面都有很大的成就，同时随着新的社会生活的需要，也出现了不少新的建筑类型。

哥特式艺术的建筑的出现是与封建城市的兴起、手工业与商业的发展、基督教神权的扩大分不开的，哥特建筑就是这三者结合的产物。12—13世纪，是哥特建筑发展的繁荣时期，许多哥特式的大教堂和城市管理机关的建筑建立起来了。教堂庞大的体量和远超一般建筑物的高度，正反映出当时教会在封建社会中的势力。

马克思说：“中世纪的宇宙观主要是神学的宇宙观。”这时期的教堂自然得到特别有利的发展机会。哥特风格的教堂在建筑外观上表现为高耸的体形、玲珑剔透的装饰，使人产生一种与天国接近的神圣感。

哥特式的教堂在结构与施工方面的进步，反映了工人分工的细致，尤其是尖券、飞扶壁、框架结构与石工技术的发展，充分反映了当时的建筑技术在前一时期建筑结构的基础上有所改进和提高。

比萨洗礼堂、大教堂、钟塔

比萨大教堂、钟塔

这时期的哥特式教堂不仅具有宗教意义，而且还具有政治意义与经济意义。教堂里除了经常举行宗教仪式，也进行讲演和商务活动等，教堂已成了市民精神生活的中心和公共活动的场所。

哥特式的教堂最初发源于法国，后来在佛兰德尔的一些城市以及德国、英国、西班牙、尼德兰、意大利等欧洲地区逐步流行起来。许多巨大的教堂在城市中往往非常突出，由于建筑技术的进步，教堂越造越高，越来越宽阔，有些教堂里面可以容纳上万人，高度达到惊人的程度。例如德国科隆教堂内部净空达 46 米，外部的双塔高度达到 152 米。

哥特式建筑富有创造性的结构体系使得教堂的高大体形成为可能，它应用了框架、尖券、骨架券、飞扶壁等多种结构形式，大大便利了各种平面形状教堂屋顶的建造，而且也解决了拱券结构侧向推力的问题。同时，教堂外观上大量应用尖券和垂直线条，加上教堂内部空间又窄又高和两排细长的柱子，给人以一种崇高感。

哥特式教堂的窗子是最有表现力的部位，两侧窗户面积很大，人们把圣经故事用彩色玻璃做成连环画镶在窗子上，被称之为“不识字人的圣经”。光线透过彩色玻璃窗射入教堂里面，呈现出五彩缤纷的效果，使教堂内部更增添神奇的宗教气氛。

巴黎圣母院

巴黎圣母院是法国哥特式教堂的一个典型例子。这座教堂的出名，不仅是因为雨果写过一本著名的小说《巴黎圣母院》，更主要的原因在于它是巴黎最古老、最高大、建筑最出色的教堂，又是巴黎的主教教堂。

圣母院坐落在巴黎市中心塞纳河的“城之岛”上，1163 年开始兴建，1235 年大体完成。那时欧洲流行哥特建筑风格，因而圣母院的造型带有强烈的早期哥特式建筑的特点，它从外形、结构布置、内部空间直到细部装饰和一朵小小的花饰，都有特殊的处理手法和风格。

圣母院的主殿长 130 米，宽 48 米。它可以容纳 1 万人做礼拜，其中 1500 人在两侧的楼层上。平面布局左右对称，四长排柱子把殿堂分成五部分，中央通廊部分有 35 米高，旁边侧通廊开间低而窄，再外面是一圈建在飞扶壁之间的小祈祷室。中央通廊平面呈拉丁十字形，据说是象征钉死耶稣的十字架。教堂入口在西面，前面有广场。东端有以圣坛为中心的半圆形通廊。

巴黎圣母院

圣母院的正面朝西，两旁有高大的钟塔。正面左右平均分成三段；上下也水平划分为三部分，用两条券带作为联系，下面一层券带上是一排雕像，一共 28 个，刻的是历代犹太国王的像。底层有三个入口，在门洞的正中都有一根方形的柱子。大门的两侧层层退进，上面布满了雕像，因此也被称为透视门，因为处理得比较程式化，看起来有整体的效果。在正面的中心有一个大圆窗，又称为玫瑰窗，象征天堂。直径为 12.6 米，图案精美，是哥特式教堂的重要特征。正面的这朵玫瑰和两侧入口上的玫瑰都是 13 世纪的遗迹，是巴黎最古老的三朵，也是圣母院现存的窗子中最古老的。在正面玫瑰窗的前面立着圣母像，她怀抱着年幼的耶稣，左右站着亚当和夏娃。背后大圆窗恰像是圣母的光环。再上面一层券带是装饰性的，主要为了遮蔽后面的屋顶，并与两侧塔楼取得很好的联系，使整个外观和谐悦目，有规律有节奏，并充分地表现了中世纪教会的神圣崇高。教堂两侧的大玻璃窗都是用彩色玻璃镶嵌的，达到很高的艺术水平。这些彩色玻璃窗上都描绘着圣经故事，供给那些不识字的教徒记忆，同时也增加了教堂内部的神秘色彩。

哥特教堂在造型上的一个显著特征就是强调垂直线条与尖券向上的倾向。圣母院两侧的钟塔高达 69 米。在两个钟塔之间可以看到后面有一个挺拔的尖塔直插云霄，这尖塔在歌坛的前面，离地达 90 米高，它那玲珑剔透的形象和西面两个钟塔一起，表现了哥特式教堂独有的风格。在外墙面的许多壁柱顶上都有一个小小塔尖，是神圣崇高的象征，也反映了人们对天国的向往。

巴黎圣母院既表现了基督教神权的势力，也反映了匠师艺人的技巧。雨果在《巴黎圣母院》中说得好，这座教堂“与其说是个人的创造，不如说是整个社会的作品；这与其说是天才光辉的闪耀，不如说是人民创造努力的结果”。

米兰大教堂

米兰大教堂是在意大利教堂中采用哥特风格的著名实例。主体建筑建于 1385 至 1485 年间，由于工程浩大，有些部分直到 19 世纪拿破仑时代才全部完工。

米兰大教堂是欧洲中世纪最大的教堂，它的内部能容纳 1 万多人。教堂平面总长约 157 米，主要殿堂宽约 70 米，两翼总长约 90 米，比一般的法国哥特式教堂要宽敞得多。外部正面和法国哥特式教堂有些不同，它没有做成横向与竖向的三等分构图，也没有玫瑰窗，而主要是强调大量垂直的壁柱，使教堂四周形成 135 个小尖塔，每个塔顶上都有一个石雕像，直刺天空，加强了向上的感觉。米兰大教堂内外装饰都非常丰富，但在结构上却没有法国哥特式教堂那么整齐划一，为了使高大的教堂安全可靠，内部的柱子间不得不用许多铁件联系和加固。1750 年时，在教堂歌坛的顶上加建了一个玲珑剔透的尖塔，高度达到 107 米，使教堂在城市中的轮廓更为突出。

米兰大教堂

米兰大教堂外观

米兰大教堂内部

科隆大教堂

科隆大教堂是德国最有代表性的哥特式教堂，也是欧洲北部最大的哥特式教堂，面积达 8400 平方米。教堂始建于 1248 年，西面的一对八角形塔楼建于 1842 至 1880 年间，高度达到 152 米，体形高大，外观挺拔。它的平面长 143 米，宽 84 米，中央通廊宽 12.6 米，高 46 米，在结构上使用了尖券交叉肋骨拱和束柱的做法，是哥特式教堂室内处理的杰作。教堂正面的构图大体上是仿照法国哥特式教堂的模式，却没有竖向明显的划分，玫瑰窗也不见了，但垂直的装饰与浮雕仍然是这座教堂的主要特征。教堂两侧的彩色大玻璃窗还具有法国哥特式教堂的手法，因此使教堂内外形成了一种和谐、神圣、崇高、庄严的艺术效果。

科隆大教堂

哥特式教堂是具有创造性的一朵奇花，它不受束缚，充分发挥了匠师的聪明才智与工艺技巧，在技术上与艺术上都达到了一定的高度，成为建筑史上不可磨灭的一页。

2. 泰吉 · 玛哈尔陵和伊斯兰建筑

伊斯兰建筑在发展过程中突出地表现了东西方文化交融的卓越成就，它为人类建筑艺术宝库增添了一份特殊的遗产。由于在伊斯兰的国度里，政教是合一的，因此宗教的信仰和清规戒律就对建筑的形制有很大的影响。

伊斯兰教开始出现于公元 610 年左右，它的发源地是阿拉伯，圣地是麦加。全盛时期的伊斯兰教国家的幅员超过了罗马帝国。10 世纪后便分裂为若干独立的伊斯兰国家。

各个伊斯兰国家都创造了许多优秀的建筑遗产，它们虽然带有各自的地方特色，但又都具有共同的伊斯兰风格和形制，而且在装饰上也表现出共同的特点。

泰吉 · 玛哈尔陵

泰吉 · 玛哈尔陵是世界著名的纪念性建筑之一，素有“印度的珍珠”之称。“泰吉 · 玛哈尔”意为宫廷的花冠。这是莫卧儿王朝国王沙贾汗为王后蒙泰吉 · 玛哈尔建造的，位置在印度阿格拉的宫殿附近，是一个巨大的建筑群。它建于 1630 至 1653 年。沙贾汗为使王后的陵墓做得完美，不惜时间和金钱。他征集了当时亚洲著名的工匠前来建造，工匠的总数超过 2 万人，花费了十几年时间。

陵园占有一个很大的长方形地段，长约 576 米，宽约 293 米，四面都有不高的围墙。围墙正面第一个门不大，进了这个门，是一个宽约 161 米，深约 123 米的入口院子。院子后面是第二座大门，它比第一个门大多了。立面是传统的做法，一个长方形墙面，正中开一个尖券大龛，龛底是入口；它的墙面装饰着各种不同颜色的材料。

穿过第二道大门，是一个近乎正方形的大庭院，宽 293 米，深 297 米。庭院被十字形的水渠分成四部分，水渠的交点处是正方形的水池，里面有喷水口，院子里长着青翠的常绿树，水面倒影颤动，更是增色不少。

在这一片绿地后面是陵墓的主体建筑，墓左有礼拜寺，右边是陈列厅。陵墓放在 5.4 米高的平台上，平台每边长 95 米，平台四角有四个高 40 米的光塔。

陵墓的四面完全一样，每边长 56.7 米，全用白色大理石砌成。陵墓的正面朝南，通过尖券龛式的门经过通道而进入墓室，墓室上覆盖着直径为 17.7 米的穹隆顶，在这个穹隆顶外面还有一个高高耸起的外壳穹顶，从它的尖端到平台面约为 61 米。

泰吉·玛哈尔陵

陵墓的两侧各有一个小水池。陵墓后面是杰姆那河。陵墓两侧的礼拜寺与陈列厅是用赭红色的沙石建造的，它们映衬出白色大理石陵墓和光塔的高贵美丽。陵墓内外的装饰都很精致，窗子和内部屏风都是大理石板刻出的透空花纹。泰吉·玛哈尔陵中充分表现了古代伊斯兰匠师的惊人技艺，同时也反映了当时封建帝王的奢华铺张。

现在泰吉·玛哈尔陵已成为印度的著名旅游景点。有的人认为泰吉·玛哈尔陵在日落时最美，那时，大理石反射出夕阳的色彩，而建筑物及其在水池中闪光的倒影就像许多粉红色的珍珠。另一些人则喜欢它在中午的景色，那时，明媚的阳光使它变得格外纯真洁白。还有一些人认为应该在月夜观赏。在夜间，每当月圆的时候，成百上千的人都来观赏泰吉·玛哈尔陵，他们要看它在月下那柔和的银色光彩。许多人用毯子把自己包着，在水池边度过整夜。当黎明来临，泰吉·玛哈尔陵开始从银色转变为旭日中的金色，人们才悄悄离去。也许，当月亮重圆的时候，他们又会再来。

阿尔汗布拉宫

西班牙格拉纳达的阿尔汗布拉宫位于郊外一个地势很险要的山上，它是西班牙境内重要的伊斯兰文化遗产。宫殿建于 1309 至 1354 年，是由许多院子组成的单层平房的建筑群。平面上布置有两座主要的庭院，一座是番石榴院，一座是狮子院，它们的纵轴互相垂直，房屋都是围绕院子布置的。

由南边进入番石榴院，置身于一个横向的柱廊之中，透过柱廊见到纵贯全院的一个水池，映出庭院美丽的倒影。水池两侧各有一排番石榴树绿篱，修剪得非常整齐。北面柱廊后面是正方形的接见使节的大厅，它的上部形成一个 18 米高的方塔。廊内的柱子很细小，上面有薄薄的用木头做成的假券，券上有很大一片透空的花格。

狮子院有一圈内柱廊，柱廊的东西两端各有一个凸出部。它的柱子和番石榴院内的一样纤细，但它上面的券及券以上的装饰要复杂得

阿尔汗布拉宫

多，不仅用几何图案，而且用阿拉伯文字组成极美的装饰纹样。院子中央有一个喷泉，它的基座上刻着 12 个大理石的狮子，院子即以此得名。在喷泉的四面各有一条水沟，既能排水，又有装饰作用，是伊斯兰建筑常用的手法。

在阿尔汗布拉宫东北的一个小庭院内，也有比较规则的绿化布置，减少了院子的单调感。

阿尔汗布拉宫的内墙面布满精致的图案，是画在土坯墙抹灰面上的，以蓝色为主，间施以金色、黄色和红色，有庄严富丽的效果。当人们看到电影、电视上有关伊斯兰宫殿镜头的时候，就会联想起阿尔汗布拉宫那富丽堂皇精细丰富的装饰，也会联想起那美妙的伊斯兰歌舞。

科尔多瓦大礼拜寺

科尔多瓦大礼拜寺是西班牙著名的伊斯兰建筑，也是世界上最大的伊斯兰礼拜寺之一。始建于 786 至 787 年，后来经过三次扩建，使寺院达到了极大的规模。13 世纪时它曾被改为基督教堂，内部虽然有了一些改变，但建筑内外总体上仍保持着原貌。

科尔多瓦大礼拜寺

大礼拜寺的总平面为一长方形，入口在南面偏东的位置。进门后是一个大庭院，东、南、西三面均有柱廊围绕，北面是主要的大殿。大殿东西长 126 米，南北宽约 112 米。礼拜寺的外观比较质朴，内部却很华丽，里面有 18 排柱子，沿着南北轴线方向排列。柱间距不到 3 米，显得密集如林，光线非常暗淡。柱子是古典式的，只有 3 米高，柱上支承着两层重叠的马蹄形券，券用红砖和白色云石交替砌成。圣龛前面是国王做礼拜的地方，上面是复合券的形式，花瓣形的券重叠几层，非常复杂，装饰性很强，表现了工匠们的卓越技巧与对建筑艺术的探求。

礼拜寺内部不高，天花板离地面只有 9.8 米，而柱子与各种发券却连成一片，密密麻麻，使内部空间有一种扑朔迷离之感，具有神秘的宗教效果。恩格斯说："伊斯兰教建筑是忧郁的……伊斯兰教建筑如星光闪烁的黄昏。"这一形容对于科尔多瓦大礼拜寺非常恰当。

伊斯兰建筑的特点

在伊斯兰文化的世界里，商业与手工业的兴盛使城市繁荣起来，于是城市里建造了大量的礼拜寺、宫殿、旅舍、府邸和住宅等建筑物，也为王公们建筑了巨大的陵墓和花园。

伊斯兰教礼拜寺是主要建筑类型。它一般有一个大的封闭的院子，平面呈长方形，中央有一个洗净用的喷泉和水池，这是《古兰经》上规定的。围绕这个院子，盖有一圈拱廊或柱廊。朝麦加圣地的一边做成主要的殿堂，作为祈祷之用。朝麦加方向的一边墙上设有一个圣龛，讲经台位于一边，那是阿訇（伊斯兰教传教士的尊称）讲经和祈祷的地方。装饰精致的光塔也是礼拜寺不可缺少的部分，有时仅此一个，有时有两个、四个甚至六个，它常常设在寺院的四角，是伊斯兰教阿訇传呼信徒祈祷的地方，也是伊斯兰教建筑特有的标志。这种建筑形式传入中国后就逐渐汉化而演变为清真寺的一个邦克楼。

伊斯兰教建筑的立面一般比较简洁，墙面多半是沉重的实体，大门和廊子多用各式拱券组成，是伊斯兰教建筑的主要特征。拱券的种类很多，常用的有尖券、马蹄形券、四圆心券、多瓣形券等。券面和门扇上常刻有表面装饰或画上几何花纹，门洞上有时做成钟乳石形的装饰。窗子一般很小，有的做成平头，有的做成尖头，窗扇上常常用大理石板刻成一些几何的装饰纹样，或者也用一些彩色玻璃，很像哥特式教堂的处理手法。

外墙表面常用粉刷或砖石、琉璃做成各种装饰图案或水平线条，成为外墙的一种特殊标志。

宫殿、礼拜寺的屋顶是从东方居住建筑的屋顶形式中演变过来的，多半为平屋顶。在屋顶的正中常做成尖形圆顶，高高地架在鼓形座上。圆顶有时用砖或石块砌成，内外粉刷成水平的条纹，或用琉璃装饰，做有几何纹样。圆顶放在方形平面上，用帆拱（由方形角上过渡到圆顶处的一种结构形式）支撑。这是吸收了拜占庭建筑风格的传统做法。

伊斯兰教礼拜寺的内部远比外部更为重要，初期的礼拜寺内部特征是丛密的柱林，上面支承着拱券。晚期的特点则是丰富装饰的墙面。内墙所有的装饰花纹都是几何形的图案，不用人像、动物和写实的植物题材，只是到了后期，才有一些程式化了的植物装饰题材。颜色多用红色、白色、蓝色、银色和金色，这样处理可以使表面富有色泽。

旅馆常设于大城市，如开罗、大马士革、伊斯坦布尔等地均可见到。它有一个院子，周围是许多房间，也有两层的，可供商人或旅客居住。在伊斯坦布尔就曾有180处这种旅馆。

住宅的平面常朝东，内部有院子，正对院子的一面为主要房间。大型的府邸常有一个主要院子正对入口，这里是喷泉的所在地。朝街的窗户是很小的，而且窗外常做有木格子。在宫殿和贵族府邸中，通常用走廊把眷属和妇女的用房分隔开来。这类住宅的形制以埃及最为典型。

开罗的住宅有很多是多层的。底层用石砌，上面几层用砖砌，常常在楼面上挑出很轻的木质阳台或房间的一部分，使建筑物轻快而生动。大型住宅的底层主要房间是客厅，男子的居室都在下层，楼上是妇女居室和主人卧室，外面常有凹阳台，形式上是两开间的，中央立一根柱子，左右各有一个半圆形的券。室内有很轻巧的装饰，天花、窗格、门环等都精雕细琢。一些富有人家还用大理石做装饰材料。

总的来说，伊斯兰教徒的住宅、府邸、旅舍、宫殿或者陵墓，在建筑造型和装饰上都受到宗教的影响，因此在设计方法上与礼拜寺相似，只不过因功能不同所以平面组合不同、讲究程度不同罢了。当然，地方特色在建筑上也有明显的反映。

3. 清净的佛教寺院

佛教最先发源于印度，时间在公元前500年左右。随着佛教的兴起，便出现了一些佛教寺院和供信徒遁世苦修的石窟，同时还产生了埋葬“佛骨”的窣堵波（墓塔）。佛教讲究四大皆空，苦修善果，普度众生，因此佛教建筑都带有清净朴素、神圣虚幻的特征。佛教很快传到东南亚、中国、日本等地，并在这些地区和国家得到很大发展。

印度的佛教建筑

桑奇的窣堵波是印度著名的佛教建筑，它大概是阿育王时期建造的，时间约在公元前1世纪末。这是一个半球形的坟墓，直径为32米，高12.8米，坐落在一个高约4.3米的鼓形基座上，完全用砖砌成，上面铺着很厚的灰浆，用来粘贴外面一层石板。窣堵波的周围有一圈栏杆，在入口处做成牌坊，垂直的石柱间用插榫的方法横着三根石条，其断面为橄榄形，在最上面的一根石料上，还安放着一些雕饰。这些显然都是仿木栏杆而来的。牌坊的表面饰满了花纹，雕刻精美。在这圈栏杆中，像这样的大门入口共有四个，都高达10米，比例也还匀称。

在塔克西拉（今巴基斯坦境内）郊区还发现有公元3世纪的佛教寺院遗址，平面布置严谨，规模宏大。

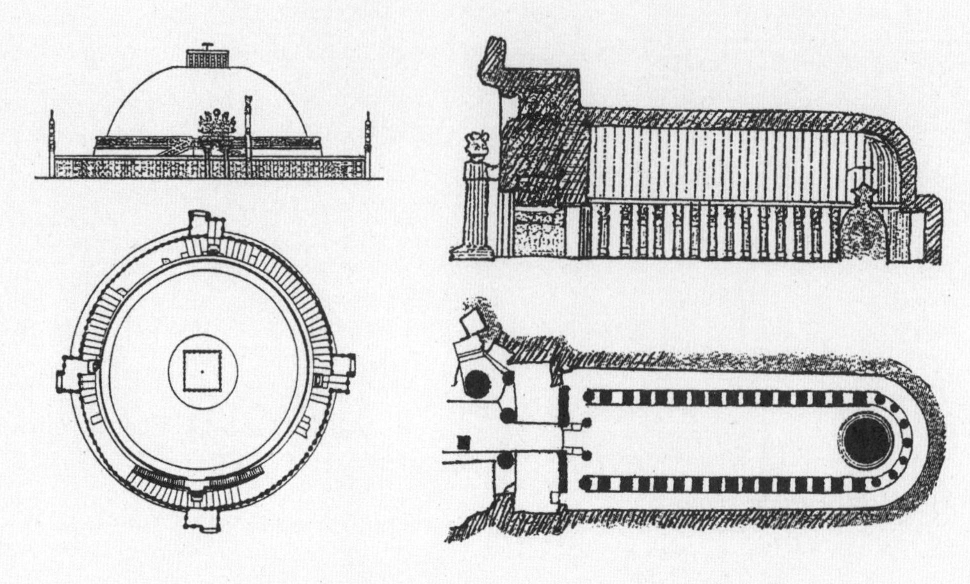

桑奇的窣堵波　　卡尔利的支提窟

在阿旃陀、卡尔利和埃列芬丁等处还留存有许多古代佛教的石窟。这些石窟可分为两种类型：一种是举行宗教仪式的场所，叫支提窟，平面为纵向长方形，以半圆为结束。半圆部分有一个窣堵波，沿着两边侧墙各有一排柱子。僧侣诵经就在这里。另一种石窟是僧侣的禅室，叫精舍，即在一个大的方形石窟的三面凿有许多小方形的禅室，供僧侣静修与居住之用。在入口处有门廊。精舍和支提窟经常相邻存在。

中国的佛教建筑

印度的佛教传入中国大约在西汉后期，但中国最早见于记载的佛教建筑是东汉永平十年（67 年）在洛阳建造的白马寺。根据文献记载，公元 2 世纪末，笮融在徐州建浮屠祠，下为重楼，上累金盘，这是当时在吸取印度窣堵波类型的基础上结合中国楼阁传统做法而创造出的一种楼阁式佛塔。三国到两晋、南北朝时期，佛教在中原一带得到很大的发展。据记载，南朝首都建康有佛寺 500 多所，而北魏首都洛阳则有 1367 所，当时佛教之盛可以想象。除了佛寺之外，佛塔与石窟也是主要建造对象，至今仍留有不少遗迹。

在佛寺中最著名的要算五台山的佛光寺、蓟州的独乐寺、拉萨的布达拉宫和应县的佛宫寺。这些建筑群不仅表现了中国古代匠师卓越的木工技艺，而且也表现了中国古典建筑艺术的成就。

五台山佛光寺

佛光寺是唐朝时期五台山“十大寺”之一，也是华严宗的重要圣地。它位于豆村附近一个向西的山坡上，因此主要轴线为东西向，大门朝西。寺前一片开阔地带，周围青山环抱，景色清幽。为适应地形，寺的总平面分成三个平台，第一层平台较宽，北部有金天会十五年（1137年）建的文殊殿，南侧原有观音殿，现已不存。第二层平台上则立着佛光寺的正殿，据记载是唐大中十一年（857年）所建。此殿现保存完好，是唐代木构殿堂中的杰出范例。

正殿面阔七间，进深四间，其结构由内外两圈柱组成，形成面阔五间、进深两间的内槽和一圈外槽。内槽后半部建一巨大佛坛，对着开间正中布置着三座大佛及一些菩萨，共有二十余尊，都是唐代的遗物。大殿正面中央五间设板门，二尽端开窗，其余三面围以厚墙，仅山墙后部开小窗。

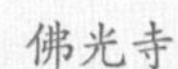

佛光寺

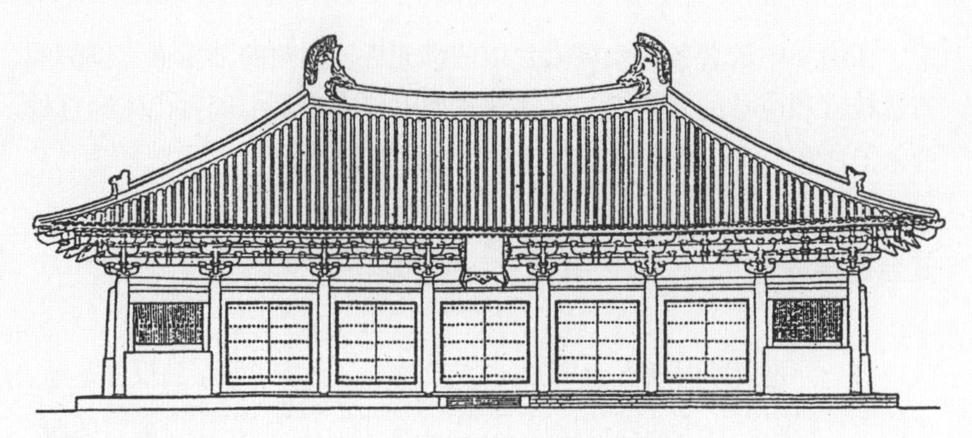

佛光寺大殿立面

佛光寺大殿梁架

大殿在内部的艺术处理方面表现为结构与艺术的和谐统一，使复杂的木结构与斗拱形成有机的装饰。大殿檐柱与内槽柱等高，只是用斗拱的大小和高低来调整内外槽空间的高度。在内部梁架下有方格天花，佛像后有背光，微微向前倾斜，强调了佛像的重要地位。室内梁架和天花基本都刷成土红色，只有佛像表面贴金，形成非常祥和、安静、统一的效果。

大殿的外观具有古朴雄伟的特点，下面用低矮的台基衬托主体建筑。立面每间比例近于方形，两侧柱比中间柱微微高起，并且角柱有一点侧脚，使整个屋檐呈现为一条平缓有劲的曲线。每个柱头上都放置着硕大的斗拱，它的高度差不多等于柱高的一半，因此支撑着屋檐挑出约有 4 米远，加上屋面坡度平缓，从外观上看起来，斗拱显得特别雄大，整个外观也十分稳健庄严，表现出唐代的古风。在屋顶的正脊两端各有一个鸱尾作为装饰，相传古代是用它作为镇火的象征。

独乐寺观音阁

位于天津蓟州城内的独乐寺，是辽代建筑的重要实例，建于辽统和二年（984 年）。现存有山门和观音阁，在这两座建筑之间原有回廊环绕，后被毁。

观音阁在蓟州城内非常突出，高踞于一般民房之上。阁高三层，但外观上只有两层，中间为暗层。阁中布置有一座高 16 米的 11 面观音像，造型精美，是辽代原塑，也是中国现存古代最大的塑像。观音像直通三层，因此阁内开有空洞以容像身。第三层在像上顶部覆盖有藻井，两边次间顶上则用方形天花，使中部主体显得突出。阁的中间夹层部分就是平坐结构和下层屋檐所占的空间。上下各层的柱子并不直接贯通，而是上层柱子插在下层柱头斗拱上。为了防止结构变形，在暗层内和第三层外围壁体内施加斜撑。上下两层屋檐下均施以斗拱，

独乐寺观音阁

虽同为四跳出檐，而下部全用拱，上部则用二拱二昂（昂为斗拱中向下伸出的斜木），既可以在重复的斗拱中增加变化，又可以减少屋顶的空间，节省结构用料，做到了结构、功能与美观的统一。阁的外观雄健而清秀，兼有唐宋建筑风格的特点。由于建筑物较高，为了使建筑物保持稳定，各层柱子均略向内倾斜，下檐上面四周建平坐，上层覆以坡度平缓的歇山式屋顶。阁下有较低矮的台基。整个建筑既显得平易近人，又能使人进入阁后感到震撼，联想起传说中观音菩萨的法力无边，具有理想的建筑艺术效果。

布达拉宫

布达拉宫是一组大型喇嘛教寺院建筑群，位于西藏拉萨的山头上。喇嘛教属佛教的一支，主要在藏族与蒙古族地区盛行，其建筑既有佛教寺院的共同特征，又带有强烈的地方色彩。布达拉宫是藏族建筑的代表，始建于公元7世纪松赞干布王时，现存的建筑是清顺治二年（1645年）重建的，工程十分浩大，历时达50年。

寺院建筑的结构，大部分使用密梁平顶构架，外部包以很厚的石墙，

布达拉宫

石墙有很大的收分，窗很小，因而建筑显得坚固厚实。在檐口和墙身上做有许多横向的装饰带，给人以多层的印象，扩大了建筑的尺度感。厚实的墙身上点缀着木门廊，有一部分上面盖有汉族传统形式的屋顶，显得建筑物雄健而生动。在色彩与装饰上遵循教义的规定：经堂和塔外部都刷白色，佛寺刷红色，白墙面上用黑色窗框、红色木门廊及棕色饰带；红墙面上则主要用白色及棕色饰带。屋顶部分及装饰带上有的重点点缀镏金装饰，或用镏金屋顶，这些装饰色彩对比非常强烈，显示出藏族佛寺建筑的鲜明特色。

布达拉宫沿山修建，外观十三层，但实际仅九层。主体建筑分“红宫”与“白宫”两大部分。红宫是大经堂和存放历代达赖喇嘛灵塔的大殿所在；白宫是寺院的居住部分。布达拉宫在建筑艺术处理上比较突出之处是很好地利用了地形，把主体建筑布置在小山顶上，与山形融为一体，既可俯瞰全城，也能使人们在城市各处都能观赏到布达拉宫的雄姿。

应县佛宫寺释迦塔

佛宫寺位于山西应县县城的西北部，是古代非常著名的一座佛教寺院。寺院还保持着南北朝时期传统的前塔后殿的形制。总平面沿南北轴线布置，南面是山门，现已毁，两旁为钟鼓楼。正对山门北面的是释迦塔，再后为大殿。在塔前与大殿前的两旁均各有配殿。现存遗迹

佛宫寺释迦塔剖面

佛宫寺释迦塔

中只有释迦塔是建于辽清宁二年（1056 年），其他建筑都是后来重建的。

佛宫寺释迦塔是我国现存最古老的一座木塔。塔的平面为八角形，高九层，其中有四个暗层，所以外部看起来只有五层；加上底层为重檐，总共有六层檐子。这座楼阁式木塔体形庞大，从底到顶高度达到 67.3 米，底层直径为 30.27 米。由于各层均有腰檐与平坐划分，并且塔身各层逐渐收分，高度逐渐降低，使人感觉体形空透精巧，就像一座大型的木雕。加上攒尖的塔顶和造型优美的铁刹，更增添了木塔的雄伟庄严。释迦塔全部内外结构均为木料做成，它不仅表现了古代木结构技术的高度成就，而且也为应县县城增加了标志性的建筑。释迦塔是世界古代最高的木结构建筑之一，它的大胆创造充分反映了我国古代匠师的聪明才智。

石窟寺

石窟寺是从印度传来的一种佛寺形式，在我国古代也很盛行。营造石窟，早在南北朝时期就已开始，那时，凿崖造寺之风非常普遍，比较重要的石窟有山西大同的云冈石窟、甘肃敦煌的莫高窟、甘肃天水的麦积山石窟、河南洛阳的龙门石窟、山西太原的天龙山石窟等。其中莫高窟和龙门石窟在隋唐之后继续得到大量开凿。

这些石窟从发展方面看，大致可分为三种类型。

初期的石窟，如云冈的第16~20窟，平面都开凿成椭圆形的大山洞，其洞顶雕成穹隆形。它的前面有一个门，门上有窗，后壁中央雕刻一座巨大的佛像，云冈17号窟中的雕像高达15.6米。

中期的石窟多采用方形平面，规模也比较大，具有前后二室；或在窟中央设一巨大的中心柱，柱上有的雕刻佛像，有的刻成塔的形状。这类窟的壁面上都布满精湛的雕像或壁画，在壁画中除了佛像外，还有佛教故事及建筑、装饰花纹等。

晚期的石窟，门前常雕有两根石柱，柱上有额枋和斗拱，在柱中间的门上常做成火焰纹的券头，形成一个古朴的门廊。

到了唐朝时期，营造石窟之风达到高潮。唐代所凿的主要石窟分布在敦煌和龙门。由于敦煌莫高窟属红砂石成分，石质松散，不宜雕刻细致花纹，故均用壁画与彩绘代替；而龙门石窟为石灰石成分，质地细腻，故常雕刻有精致的佛像与各种图案。从敦煌大量唐代石窟的壁画中可以看到唐代佛寺的形制、规模与佛教故事，也可以从这些壁画中了解到唐代绘画的技巧、音乐与舞蹈的形式、日常生活的方式以及人物服饰与梳妆打扮的特点。这些石窟艺术已成为今天研究古代文化的实物教材，不愧为建筑艺术宝库中的一份珍贵财富。

龙门石窟

4. 壮丽的中国宫殿、坛庙和皇家园林

宫殿在中国历代都有大规模的兴建，它集中反映了中国建筑的成就和建筑艺术的特色。现在保存得最大最完整的是北京故宫，其次还有清初建造的沈阳故宫。为了适应帝王游乐和避暑的需要，自古以来就建造有不少皇家园林，皇帝在此既可以处理政务，又可以享受天然山水之趣，特别是清代初年，营造苑囿之风日盛，从遗留至今的许多皇家园林中，我们仍能想象到昔日园林之盛。

北京故宫

北京故宫是明、清两朝皇帝的宫殿，它始建于明永乐四年（1406年），到永乐十八年（1420年）基本建成，前后历时14年。当时曾征调了全国各地名工巧匠及民夫、军工二三十万人为建造这组庞大的宫殿建筑群服务，使它成为现存的我国古代最豪华、规模最大的建筑群，在世界建筑中也是罕见的。故宫在明、清两朝先后都有一些扩建、改建或重建，但总体布局和建筑的基本形制仍是遵守明初的模式。

北京故宫原名紫禁城，也称宫城，位于北京城的中轴线上，在它的外部还有一道皇城，大体上呈一不规则的方形，南北约2750米，东西约2500米。四周是红色的墙垣，每面均开有城门，其中南面的大门

就是著名的天安门。在皇城内设有社稷坛、太庙、寺观、衙署、宅第等各类皇室建筑以及大型的皇家园林，如北海、中南海和景山。

宫城南北长约 960 米，东西宽约 760 米，是规则的长方形平面。宫城四周均环绕高大的城墙，四角设有体形复杂的角楼，成为皇宫界线的标志。宫城四面均有巨大城门，南面正门为午门，北面为神武门，东面为东华门，西面为西华门。午门前两侧有东西朝房，午门正前方有端门和天安门，使得人们在进入宫殿前已预先感受到帝王的尊严。

故宫在总平面上大致可分为外朝和内廷两大部分。外朝以太和殿、中和殿、保和殿为主体，前面有太和门，两侧分别设有弘义阁和体仁阁及连续的廊庑。外朝占据故宫南面的大部分范围，是皇帝举行重要仪典和接见群臣的场所。内廷与外朝由墙垣隔开，这是皇帝居住的地方，里面以乾清宫、交泰殿、坤宁宫为主。在这组宫殿的两侧是东六宫、西六宫、宁寿宫、慈宁宫等后妃与太上皇居住的地方。在内廷之后是一座御花园。宫城内还有禁军的值房和一些服务性建筑，以及太监和宫女居住的矮小房屋。

故宫的布局基本上是按照封建传统的礼制来布置的。例如，社稷坛位于宫城前面的西侧（右），太庙位于东侧（左），是附会“左祖右社”的例制；而前三殿后三宫的关系则体现了“前朝后寝”的例制。

故宫在总平面布局上，既遵守着封建社会的礼制，又充分体现着帝王的权威与尊严，它在精神上的作用远远超过其实际的使用要求。

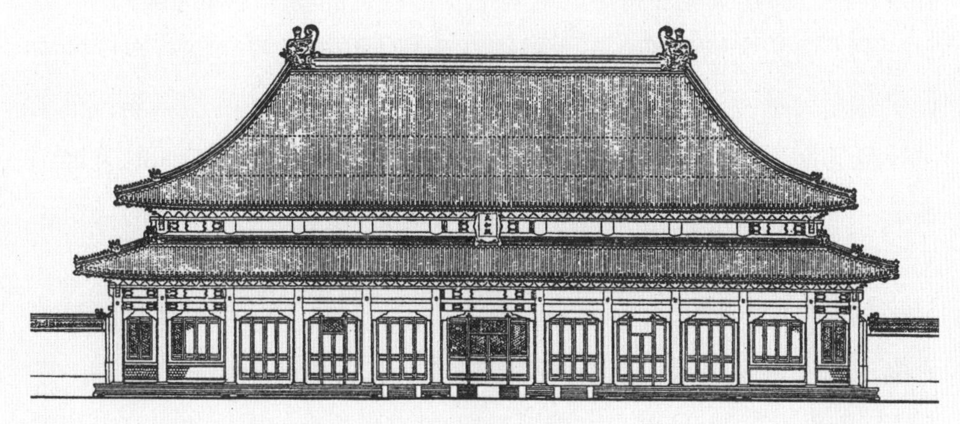

故宫太和殿正立面

太和殿

为了显示皇家的气派，主要建筑全部严格对称地布置在中轴线上，在整个宫城中以前三殿为重心，其中又以举行朝会大典的太和殿为主要建筑。因此在总体布局上，前三殿占据了宫城中最主要的空间，而太和殿前的庭院，面积达 25000 平方米，是宫殿内最大的广场，它有力地衬托着太和殿。内廷及其余部分虽然也有轴线，并力求严整的格局，但相对而言则比较紧凑。为了强调宫城内的主体建筑，进入天安门后，要再经过端门、午门、太和门，然后才能到达太和殿前。通过这一道道高大的门楼和一进进深远的庭院、甬道，使人在到达主体建筑前已深深感受到了皇宫威严、肃穆的气氛。北京故宫给人的宏伟的印象是用建筑群的组合方式获得的，它不像西方宫殿只强调单体建筑的艺术效果，这种用空间变化来衬托主体建筑的手法更能获得巨大的艺术感染力，使主体建筑能在特定的空间中获得特定的场所精神与威力。

为了烘托主体建筑，三大殿均立于高大洁白的汉白玉石雕琢的三重须弥座台基上。太和门距午门 160 米，门前为一开阔的广场；金水河环绕其前，河上有五龙桥。金水河既是吉祥的象征和空间的装饰，也是宫城内防火的备用水源。太和门过去曾是皇帝日常听政的场所，地位较高，实际上是一座小型殿宇，是 7 间重檐歇山顶建筑。

太和殿在明朝时原为 9 间殿宇，清朝改为 11 间，但总体尺度无大变化，它是目前我国现存最大的木构建筑。太和殿全长 63. 93 米，进深 37.17 米，高 26.92 米，台基高 8.13 米，造型十分宏伟壮丽。太和殿的形制是木构殿宇中的最高等级。重檐庑殿顶（四坡式），黄琉璃瓦屋面，两端正吻（屋脊两端的龙头装饰）高3.4米，红柱，红墙，上檐用11踩斗拱，下檐用9踩斗拱，梁枋上均用龙纹和玺彩画等。这是用于最高级隆重仪式的地方，如登极、元日、冬至、朝会、庆寿、颁诏等。因此，太和殿前不仅需要有宽阔的平台，而且还需要设有巨大的庭院。平台上面点缀有铜龟、铜鹤、日晷、嘉量（斗形容器）等作为长寿、富裕的象征和环境气氛的烘托。而下面的庭院实际上是一个广场，面积达25000平方米，可容万人庆贺与仪仗队的布置。院内没有任何绿化布置，巨大的广场上只有三层洁白的汉白玉石栏杆衬托着色彩艳丽的太和殿，使之格外鲜明突出。

故宫内的其他建筑物均比太和殿体形要小，也低矮一些，以显得主次分明和建筑物组合的高低错落、整齐有序，而且也能产生一种有规律的节奏。

在东六宫和西六宫内，布局虽然也很规则，但因为是居住的部分，房屋的高度比较适宜，庭院尺度也较小，院内常布置有花木，富有生气。

故宫建筑群不论在规模上、尺度上都是无与伦比的。它在创造空间序列方面达到了很高的水平，留下了宝贵经验，为建筑群体的布局树立了杰出的东方模式。故宫在单体造型上的变化也是丰富多彩的，不仅屋顶形式随建筑性质不同而有变化，而且角楼与亭阁的屋顶做得相当自由而且复杂，成为建筑装饰的重点部位，这是故宫建筑的另一特色。故宫在装饰与色彩方面尤为突出，细部雕饰极其精致，梁枋彩画与盘龙藻井更令人叹为观止。北京故宫不愧为举世无双之杰作。

天坛

皇家的祭祀建筑有天坛、地坛、日坛、月坛、太庙、社稷坛等，其中最著名的要算天坛了。天坛位于北京外城南部永定门内大街的东侧，是明、清两朝皇帝祭天与祈祷丰年的地方。现在的规模是明嘉靖九年（1530年）形成的。只有祈年门和皇乾殿是明代原构，其余建筑

天坛祈年殿正立面

都经过18世纪初的重修，主要建筑祈年殿是在清光绪十五年（1889年）被雷火焚毁后按原来形制于次年重建的。

天坛占地总面积为273万平方米，外形近乎方形，只有北面两角为圆形，象征着“天圆地方”。外围墙东西长约1700米，南北距离约为1600米。在外圈围墙之内还有一圈类似的围墙，在二重围墙之内遍植桧柏，高大苍劲，更衬托出天坛建筑的神圣庄严。

天坛以圜丘到祈年殿一组建筑形成南北轴线，作为整体的中心，也是天坛的主体。在内围墙西门内南侧设有一处斋宫，这是皇帝祭祀前斋宿的地方；在外围墙西门以内还建有一处饲养祭祀用牲畜的场所和舞乐人员居住的神乐署。

在圜丘与祈年殿之间有一条高出地面4米的砖砌大甬道相通，长400米，宽30米，当时称之为丹陛桥。甬道两旁有翠柏树冠夹持，远处是一片蓝天，行走其上犹如步入天境。

圜丘是一个白石砌成的三层圆形巨大平台，上层平台直径为26米余，底层直径为55米。明、清两朝皇帝每年冬至日就在此处祭天。它的周围有两重矮墙环绕，内墙平面为圆形，外墙平面为正方形。两重矮墙的四面正中都建有白石棂星门。这一露天建筑造型简洁开朗，与天空融为一体。

祈年殿

在圜丘的北面是皇穹宇，平时供奉着“昊天上帝”的牌位，只有在祭祀时才移到圜丘上。在皇穹宇的两侧各建有一个长方形的小配殿，三座建筑都环绕在圆形的大围墙内。皇穹宇是圆形平面，底下有单层的白石基座，上面是单檐的圆形攒尖蓝琉璃瓦顶，有意和天空相呼应。它的外表装饰十分丰富，在白石栏杆的衬托下更显得高贵典雅。

再北面是祈年殿，这是天坛中最主要的建筑之一，也是标志性的建筑。祈年殿同样是一座圆形平面的殿宇，上面覆盖着三层蓝色琉璃瓦圆形攒尖顶，金色的宝瓶在阳光照耀下闪闪发光，更显示出与蓝天接近的意蕴。殿身为红色柱子和门窗，梁枋和斗拱上都满布着彩画。内部也用藻井和斗拱装饰，色彩艳丽，充分展示了中国古典建筑艺术的成就。在建筑物下是三层圆形的石基座，衬托着上部以蓝绿色调为主的殿宇，更显其秀丽英姿，不愧为我国古典建筑的优秀范例之一。

颐和园

至今仍保存较完好的皇家园林，颐和园与避暑山庄可作为代表。颐和园位于北京西郊约 10 千米处，全园面积约 3.4 平方千米。其中水面约占四分之三，北面山地约占四分之一。清朝康熙四十一年（1702年）最先在这里兴建行宫。从乾隆十五年（1750年）起，又大规模修建皇家园林，当时称清漪园。北面山地称万寿山，上面建有大量亭台楼阁。南面湖泊称为昆明湖，经过疏浚与筑堤，不仅是园内重要景区，而且成为北京的蓄水库之一。清咸丰十年（1860年），清漪园遭到英法侵略军破坏，光绪十四年（1888年）基本修复，后改称颐和园。光绪二十六年（1900年）又被八国联军破坏了一部分，直到光绪二十九年（1903年）才又再次基本修复。

颐和园的总体布置大约可分为四个部分：行宫、万寿山前山区、万寿山后山区、昆明湖区。

东部是行宫，包括东宫门、仁寿殿、大戏台以及后面的居住庭院等部分。这里是清朝皇帝避暑时处理政务和居住的地方，宫殿建筑形式与内部陈设沿袭传统方式，只是周围增加了花木、山石点缀，增添了一些自然气息，与故宫布置略有区别。居住庭院部分比较简朴低矮，屋顶不用琉璃瓦，只用普通灰色筒瓦，梁枋彩画也多用苏州淡雅风格，不用贴金龙凤图案，院内以花木、湖石点缀，颇有清秀怡人之趣。这样可以稍稍改变宫廷建筑严谨庄重的气氛。在行宫的东北部设有一个小巧精致的“园中园”，名为谐趣园，它是模仿无锡的寄畅园建造的，园内亭廊、曲桥布置得体，花木、水面位置合宜，虽规模不大，但其景色秀丽，给人以世外桃源之感。

万寿山前山区以排云殿、佛香阁一组建筑为中心，前后两侧各布置有许多小建筑群作陪衬。这一地带是颐和园的主景区。佛香阁是八角四层的木构建筑，它那高大的形体、金黄色的琉璃瓦屋顶和参差错落的轮廓线，使其成为颐和园的主要标志。在山下有700多米的一条长廊，把前山的建筑连成一体。

万寿山后山区是一组喇嘛教的庙宇，布置着富有地方特色的藏式平屋顶建筑和一些小白塔，周围苍松环抱，带有一丝异域色彩。加之后山北面的曲折后湖及江南水乡街景，使人更觉幽静典雅。

昆明湖区是一片开阔的水面，湖中有长堤、岛屿点缀，加上拱桥断续相连和一些亭台参差其间，宛如一片江南水乡风貌，一眼望去，使人顿感心旷神怡。尤其值得一提的是，通过园景的巧妙布置，颐和园外西山诸峰与玉泉山塔均能尽收眼底，成为借景的佳作。

昆明湖十七孔桥

避暑山庄

避暑山庄位于河北省承德市北部，距北京约 250 千米，它是清朝皇帝为避暑所建的离宫。宫后有规模巨大的皇家园林，其规模超过了颐和园。建造时间在 18 世纪初。

清朝康熙皇帝时曾最先在承德北郊热河泉源处建造了离宫，并兴修园林，设立三十六景。到乾隆时期，面积又有所扩大，总占地面积达到 5 平方千米左右，并又新增了三十六景，使避暑山庄趋于完善。避暑山庄不仅夏季可以避暑，而且秋季可以到北面围场行猎。

避暑山庄的离宫部分位于南面的入口处，共由几组四合院式的建筑组成，其中东宫勤政殿一组建筑已毁，其余几组建筑仍保存完好。目前正殿淡泊敬诚殿一路、松鹤斋一路以及康熙居住过的万壑松风殿一组建筑基本都保持原样，所有殿宇都用卷棚顶，不用琉璃瓦，装饰、油漆都很淡雅，表现了崇尚自然的纯朴之风。

避暑山庄

离宫北面的园区，大部分是山地，约占总面积的五分之四，山上因地制宜分散布置有许多景点，远观近赏都能得诗情画意之趣，其中比较著名的如梨花伴月、四面云山等处，景色非常优美。园区内平原与水面部分比重相对较少，但在规划设计中却能布堤筑岛，集中湖面，使其颇有烟波浩渺的意境。为了能兼得江南秀丽景色，园中多处模仿南方名胜，如“文园狮子林”仿苏州狮子林，“小金山”仿镇江金山寺，“烟雨楼”仿嘉兴南湖烟雨楼，“芝径云堤”仿杭州西湖苏堤。

避暑山庄不仅山清水秀，而且气候凉爽宜人，至今仍是我国著名旅游、避暑胜地。在山庄之外的东北部还分散布置了“外八庙”，它们都是喇嘛教的建筑，兼有汉、藏建筑的特点，造型别致，色彩艳丽，是避暑山庄美丽的借景。

5. 意大利建筑的文艺复兴

文艺复兴运动

14 世纪至 15 世纪的意大利是欧洲最先进的地区，工商业活跃，城市繁荣，在北部和中部的一些城市逐渐产生了资本主义的萌芽，并出现了新兴的资产阶级，他们中有工业家、银行家、商人。意大利城市的新兴资产阶级要求在观念形态上反对封建制度的束缚和教会的精神统治，以新的世界观推翻神学、经院哲学以及僧侣主义的世界观。这种新的世界观支配文学、艺术以及科学技术的发展，由此汇成了生气蓬勃的文艺复兴运动。

反封建、反教会教条的斗争使这一时期的资产阶级知识分子转而学习古代文化。古典文化中的唯物主义哲学、自然科学和“人文主义”大大有助于他们的斗争。古典著作和艺术品一时引起各行各业知识分子和艺术家的崇拜，古典主义蔚然成风。

恩格斯在《自然辩证法》中说：“拜占庭灭亡时所救出来的手抄本，罗马废墟中所掘出来的古代雕刻，在惊讶的西方面前展示了一个新世界——希腊的古代；在它的光辉的形象面前，中世纪的幽灵消失了；意大利出现了前所未见的艺术繁荣，好像是古典时代的再现，以后就再也不曾达到了。”

“文艺复兴”一词的原意是“再生”。早在文艺复兴时期，意大利的艺术史家瓦萨里（1511—1574）在他的《绘画、雕刻、建筑名人传》中，就用“再生”这个词来概括整个时期文化活动的特点。实际上这也反映了当时人们的普遍见解：认为文学、艺术和建筑在希腊、罗马的古典时期曾经高度繁荣，而到中世纪时却衰败湮灭，直到他们这时才又获得“再生”和“复兴”。但是，如果把文艺复兴时期看成单纯是或主要是文学、艺术和建筑方面的复兴运动，那就是片面和错误的了。文艺复兴时期的文化，在形式上确实具有采用或恢复古典文化的特点，但它绝不单纯是古典文化的“再生”和“复兴”。它是借用古典外衣的新文化，是当时社会的新政治、新经济的反映。因此，文艺复兴运动实际上就是新兴的资产阶级和人民群众一道，在思想领域和文化领域展开的反封建斗争。

人文主义

文艺复兴时期文化上的新思潮就是“人文主义”。“我是人，人的一切特性我无所不有”，这句话就是人文主义者的口号。人文主义的特征，首先在于它的世俗性质，与封建文化的宗教性质完全相反。从事世俗活动而发财致富的新兴资产阶级，反对中古教会的来世观念和禁欲主义，且与其格格不入。他们的目光注视于现实世界，要求享受现世生活的乐趣。具有这一思想的人文主义者肯定人是生活的创造者和主人。他们提倡发展人的个性，要求文学、艺术表现人的思想和感情，科学要为人生谋福利，即要求把人的思想、感情、智慧都从神学的束缚中解放出来。因此，他们提倡人性以反对神性，提倡人权以反对神权，提倡个性自由以反对中古的宗教桎梏。

人文主义者所提倡的人权、人性和个性自由，都是以资产阶级个人主义的世界观为前提的。尽管如此，人文主义思想在当时历史上仍然起了很大的进步作用。它继承湮没已久的古典文化遗产，动摇教会的权威，打破禁锢人心的封建愚昧，为近代的文学、艺术、建筑等的发展开辟了宽阔的道路。意大利的早期文艺复兴孕育了近代西欧的文化。

建筑的文艺复兴

意大利是建筑文艺复兴的发源地，从15世纪开始，一直延续到17世纪。建筑文艺复兴思潮很快传遍欧洲，古典建筑风格重新广泛流行。

在建筑创作中，对古典的崇拜表现为柱式重又成为大型建筑物造型的主要手段。古罗马的建筑遗迹被详细地测绘研究。维特鲁威的《建筑十书》被搜寻出来，成了神圣的权威。

但是，文艺复兴时期是市民分化为资产阶级（约9%，包括小资产阶级）和劳动人民（约91 %）的时期，城市建筑反映了这种分化。最好的匠师们都被掌权者垄断了去，直接为他们少数人服务。城市中高质量的建筑物都是他们私人的。因此，建筑风格也分成了两大类，以柱式为造型基础的建筑风格只限用于上流社会，平民住宅则继承着中世纪市井房屋的风格。古典柱式并没有对平民们的房屋产生重要的影响，因此，这种风格的建筑物也没有能改变中世纪末形成的城市面貌。

意大利文艺复兴建筑的特点与成就，首先表现在这时期出现了不少重要的建筑理论著作。这些理论著作的第一个倾向和造型艺术的主要观点一样，强调人体的美，而把柱式构图与人体比拟，反映了当时的“人文主义”思想。这一点也是早就包含在古典建筑理论中的。另一个倾向是用数学和几何学关系来确定美的比例和协调的关系。例如黄金分割比例（1.618 : 1或近似为8 : 5）、正方形等抽象的理念。这反映了当时条件下数学关系的广泛应用，并且受了中世纪关于数字有神秘象征性的影响。这时期著名的建筑理论著作有：阿尔伯蒂（1404—1472）的《论建筑》、帕拉第奥（1508—1580）在1570年出版的《建筑四书》、维尼奥拉（1507—1573）著的《五种柱式规范》。

其次，在单体建筑方面，文艺复兴时期不仅世俗性的建筑类型增加了，而且在设计方面有许多新的创造。这时期的建筑成就集中地表现在府邸建筑和教堂建筑上。

世俗性建筑的平面一般围绕院子布置，这样能造成整齐庄严的街立面。外部造型在古典建筑的基础上，采用了灵活多样的处理方法，如外观的分层，粗石与细石墙面的处理，叠柱的应用，券柱式、双柱、拱廊、粉刷、隅石、装饰、山花的变化等都有很大的发展，使文艺复兴建筑有了崭新的面貌。教堂建筑也利用了世俗性建筑的成就，并发展了古典建筑的传统，使得它的造型更加富丽堂皇起来。

文艺复兴建筑技术的成就，在很大程度上是吸收了先辈的建筑经验加以总结和发展的。梁柱系统与拱券结构的混合应用，大型建筑外墙用石材、内部用砖料的砌筑方法，或者是下层用石、上层用砖的砌法，在方形平面上加鼓形座和圆顶的做法，穹隆顶采用双层壳子与肋料的做法，都使结构与施工技术达到了一个新的水平。

再次，意大利文艺复兴时期的城市与广场建设是很有成就的。城市的改建，显示出资产阶级的强烈愿望，市中心得到很大的改善。典型的例子如佛罗伦萨、威尼斯、罗马等城市。

广场在文艺复兴时期得到很大的发展。从性质上分，有进行市集活动的广场、纪念性广场、装饰性广场、交通性广场；按形式分，有长方形广场、梯形广场、圆形广场、不规则形广场、复合式广场等。广场上一般都有一个主体建筑，四周有附属建筑陪衬。早期广场周围建筑布置比较自由，空间多封闭，雕像多在广场的一侧；后期广场布局较严整，周围常用柱廊的形式，空间较开敞，雕像往往放在广场的中央。

最后，自从14世纪意大利文艺复兴开创了一个新时代以来，园林艺术有了很大的发展。喜欢自然，热爱乡村，成了一时的风尚。15世纪时，贵族富商的园林别墅差不多遍布了佛罗伦萨与北部诸城。16世纪时，意大利的园林艺术发展到了高峰。

意大利文艺复兴时期的园林，大多属于郊外别墅的一部分，通常设在主要建筑物的前面，或者在它的后面。因为意大利境内丘陵起伏，许多花园别墅都建造在台地上，所以有台地园之称。花园的布局一般都是规则的几何形。造景手法丰富多彩，其中特别是以水景、植物配置和雕像、石刻装饰见长。在意大利文艺复兴园林中，最著名的例子是蒂沃利的爱斯特庄园（1550 年）和巴涅阿的兰特庄园（1564 年）。

文艺复兴运动的摇篮——佛罗伦萨

佛罗伦萨是欧洲文艺复兴的故乡。在欧洲许多著名的城市中，佛罗伦萨要算是引人注目的一个了。它不仅以盛产花果闻名，而且城市面貌美丽动人，因此素有“花城”的称号。它的城徽就是一朵花，这朵花也印在它的金币上。

佛罗伦萨位于意大利中部偏北，横跨在阿诺河的两岸，距离首都罗马 232 千米。这是一座四季气候宜人、景色秀丽的古城，城市的四周环绕着托斯卡纳山脉的丘陵，中间是一片平原，起伏的山峦和阿诺河清澈的流水相映成趣，葱翠的花木与色彩丰富的建筑组成一幅幅秀丽的画面，衬以蔚蓝色的天空背景，真是漂亮极了。城市的主体轮廓

佛罗伦萨大教堂

线高低起伏，重点突出，市中心维奇奥宫的塔楼和佛罗伦萨大教堂的穹隆顶，构成了全城的制高点，大大丰富了城市艺术。

佛罗伦萨作为一座历史悠久的古城，名胜古迹比比皆是，对前来观光的游客有着极大的吸引力。早在古罗马时期，这里已是亚平宁半岛上的一个重镇。15—17 世纪时，它曾是美第奇家族统治的王国，一度实行过共和政体，但不久又复辟了，直到 1866 年才合并于统一的意大利。

经济的繁荣促进了城市文化艺术的发展，文艺复兴时期的许多艺术大师，如达·芬奇、米开朗琪罗、拉斐尔等人都曾聚集在这里。文化艺术集一时之盛，在城市建设与建筑活动中也相应地有所反映。

佛罗伦萨大教堂

佛罗伦萨大教堂是佛罗伦萨最有代表性的建筑，也是当地天主教的主教所在地。教堂始建于 1296 年，式样是按照当时欧洲流行的哥特风格建造的。教堂的大门朝西，面对着洗礼堂，旁边有一个高高的钟塔，

佛罗伦萨大教堂外观

前面是开阔的广场，衬托着色彩富丽的石建筑，显得非常庄严气派。1365 年这座辉煌的大教堂基本上完成了主体工程，但是剩下了中央歌坛上的八角形屋顶未能完工。由于跨度太大，难度较高，屋顶的建造被整整搁置了半个世纪。这个直径达 42.5 米的八角形屋顶怎么办呢？虽然早在公元 2 世纪时罗马万神庙的圆顶大小和它相仿，可以借鉴，但是万神庙是在罗马帝国时期用天然混凝土浇筑的，那时还没有发明钢筋混凝土结构，屋顶最薄处的厚度就有 1.2 米，这样沉重的分量放在这座教堂的柱墩上显然是不适宜的。1420 年，教会在不得已的情况下只得公开征求方案，结果采用了著名建筑师伯鲁涅列斯基的设计。他为了要使这个用骨架券构成的大穹隆顶在全城都能看到，在顶的下面加上了一个 12 米高的八角形基座。穹隆顶本身高 30 多米，从外面看去，像是半个椭圆，以长轴向上。伯鲁涅列斯基亲自指导了穹隆顶的施工，他采用了伊斯兰教建筑叠涩的砌法，因而在施工中没有模架，穹隆的结构采用了骨架券的做法，一共有 8 个大肋和 16 个小肋，肋架之间有横向联系。穹隆的外壳做成两层，两层之间是空的，并可容人上下，在穹隆顶的尖顶上，建造了一个很精致的八角形亭子，这亭子采用了古典的形式。小亭子与穹隆顶的总高有 60 米，亭子顶距地面达 115 米，成为全城的重要标志。全部工程于 1462 年完成，这在当时是非常惊人的技术成就。

佛罗伦萨大教堂内部

中世纪时，天主教的教堂从来不允许用穹隆顶作为建筑构图的主题，因为教会认为这是罗马异教徒庙宇的手法。而伯鲁涅列斯基不顾教会的那些禁忌，渗透了人文主义的思想与古典的手法，因此这个大穹隆顶的建成被认为是意大利文艺复兴建筑的第一朵报春花。此后，这种手法在文艺复兴建筑中被广泛运用。

吕卡第府邸

吕卡第府邸是佛罗伦萨在文艺复兴时期最著名的府邸之一，原来是为美第奇家族建造的，称之为美第奇府邸。该府邸建于 1444 至 1460 年，建筑师是米开罗佐。1659 年这座府邸卖给了吕卡第家族，后来便改称吕卡第府邸。

府邸的平面是长方形的，有一个围柱式的内院、一个侧院和一个后院，并不严格对称，所有房间都从内院和外立面采光。

内院立面的底层是立在柱子上的连续券廊，廊顶是柱廊，而中间一层用墙封闭，墙上开有小窗。内院的风格是比较轻快的。

吕卡第府邸

府邸只有两个经过建筑处理的外立面，高 24.75 米。立面经过统一的古典构图处理，檐口高度为立面总高的八分之一，挑出 2.44 米，为的是使檐口与整个立面成柱式的比例关系。它的基座很低，与人的高度相适应，衬托出整个建筑物的高度。为了使立面不单调，墙身部分划分了两条水平檐口线。同时，在第一层使用了非常粗犷的重块石，突出表面约 10 厘米；第二层使用平整的石头而留较宽较深的缝，突出 4~5 厘米；第三层则严丝合缝地砌筑。这样，就更加增强了建筑物的稳定感和庄严感。在第二层的转角处有家徽标志作装饰。

吕卡第府邸的外观是屏风式的，它并不完全适合于建筑物内部的实际需要，除了室内窗台太高之外，第三层室内空间高达 8 米多。这种缺点归因于它的贵族性质，首先追求气派，实用却放在第二位。

文艺复兴时期，这类建筑很多，只不过在立面处理上有一些不同的变化而已。

西诺拉广场

西诺拉广场是佛罗伦萨城的市中心，至今还基本上保持着文艺复兴时代的面貌。它的平面轮廓大体呈曲尺形。维奇奥宫是广场上的主体建筑，位于东侧，它建于 1298 至 1314 年。粗石的墙面，雉堞式的压檐，小小的窗户与偏在一边的大门，加上高达 95 米的塔楼，使这座建筑具有中世纪府邸那种庄重、严肃及防御性的特征。它和旁边开敞轻巧的兰茨廊形成强烈的对照。

在维奇奥宫大门前的左边立有不朽的艺术杰作——米开朗琪罗在 1501 至 1504 年创作的大卫像。这个著名的大理石雕像表现了圣经故事中的一位青年英雄，充满着青春的热情和力量，全身筋肉突出，左腿微曲，右手紧握石块，仿佛就要开始激烈的战斗。为了文物的保护，1873 年这座大理石雕像已移至佛罗伦萨美术学院博物馆内，现在立于维奇奥宫大门前的大卫像是一个复制品。

维奇奥宫南面的兰茨廊，建于 1376 年，带有古典的手法，里面有很多精美的雕像，其中较著名的是"海克利斯和奈赛斯""波尔刹斯""波列克塞娜之被劫"等。这些雕像都完成于文艺复兴时期，取材于希腊神话故事，表现得非常优美生动。

在维奇奥宫的转角上还设有一个白巨人"海王"喷泉，喷泉北面是科西莫一世大公的骑马雕像。

与广场相连的乌菲齐街，是佛罗伦萨唯一一条在文艺复兴时期经过全面设计的街道，街道两旁有政府的办公机关和乌菲齐宫。现在乌菲齐宫已改为艺术博物馆，里面陈列有达·芬奇、米开朗琪罗和拉斐尔等艺术大师的许多作品。

西诺拉广场作为一个曲尺形广场，实际上是由一大一小两个广场组合成的，在两个广场的接合部，处理得既分又合，主要转角及重点部位都有雕像点缀，使这座广场不仅远看有明显的特色，而且其内部也使人感觉像是一个露天的艺术博物馆。

罗马圣彼得大教堂

圣彼得大教堂是文艺复兴时期的代表性建筑，也是世界上最大的教堂。它既集中了当时杰出建筑师的智慧，也体现出受到教会局限的明显特征。教堂建于1506至1626年，前后经过120年才基本建成。

重建圣彼得大教堂的计划是1452年教皇尼古拉五世提出的，因为当时旧教堂已破旧不堪。教皇尼古拉五世死后，这个计划被搁置了将近50年。16世纪初，教皇尤利乌斯二世为了重振业已分裂的教会，为了宣扬教皇国的统一雄图，为了表彰他自己，决定重建这个教堂，并要求它超过最大的异教庙宇——罗马的万神庙。1505年，举行了教堂的设计竞赛，选中了伯拉孟特的设计，1506年动工。

伯拉孟特设计的教堂，平面是正方形的，在这正方形中又设计了希腊十字形（正十字形）；希腊十字的正中，用大穹隆顶覆盖；正方形四个角上又各有一个小穹顶。四个小穹顶衬托着中央的大圆顶，成为教堂的主要轮廓线。

圣彼得大教堂

1514年，伯拉孟特去世时，这座大教堂刚开始建造，后来交给了拉斐尔、佩鲁齐、小莎迦洛、米开朗琪罗等人接着去做。米开朗琪罗去世后，又由波尔塔和丰塔纳接手，于1585至1590年完成了这座伟大的建筑。为了使这个直径达42米的穹隆顶更加牢靠，他们和后继者在底部加上八道铁链子。1564年维尼奥拉设计了大穹隆顶旁边四角上的小穹顶。大穹隆顶的顶点离地坪137.8米，是罗马城最突出的建筑物。

但是，过了不久，教皇保罗五世决定把原来的正方形平面改为拉丁十字形（长十字形）平面，迫使建筑师马尔代诺又在前面加了一段大厅（1606—1626年），以致在近处看不到完整的穹隆顶了，只能在远处才能看到它的轮廓线。

最后由伯尼尼在1655至1667年建造了杰出的教堂入口广场，由梯形与椭圆形平面组合而成。椭圆形平面的长轴宽195米，由284根塔司干柱子所组成的柱廊环绕着，广场的地面略微有一点坡度。

教堂完成的平面是拉丁十字形，外部共长212米，翼部两端长137米。大圆顶直径42米。内部墙面应用各色大理石、壁画、雕刻等装饰，穹隆顶内有相应的弧形天花。外墙面则应用灰华石与柱式装饰，立面

圣彼得广场

构图是严谨的古典建筑风格。尽管这个教堂还有一些缺点，但它的建筑规模巨大，造型豪华，装饰丰富，仍是世界上最雄伟的教堂。

威尼斯

文艺复兴时期的文化历史名城威尼斯，是一座秀丽的水都，素有“亚得里亚海上的珍珠”之称。

威尼斯富有特色的建筑与广场，波光云影相映的水上人家，到处穿梭的小船，构成旖旎的城市风光，真是“水市初繁窥影乱，重楼深处有舟行”。亲临其境，犹如置身于文艺复兴时代，不愧为当代国际旅游胜地。

威尼斯位于意大利东北部的亚得里亚海岸，作为一个东西交通枢纽和重要海港而得到了迅速发展。

威尼斯是一座出色的水上城市，它建立在由沙石冲积而成的平原边缘，全城由 118 个岛组成，纵横河道共有 134 条，并有 395 座形式各异的桥梁。这座城市本身不出产任何建筑材料，建造房屋所需的砖石、木料、五金器材全由外地通过海运输入。由于地层松软，多数巨大的建筑都建立在木桩基础上，有些地方则是由石块堆积而成。整个城市与海湾连成一片，犹如漂浮在水上。

威尼斯大运河沿岸景观

水城的四周均为海湾所环绕，只在西北角有一条长堤与大陆相通，火车可以直达。城内大大小小曲折迂回的河道形成四通八达的交通网，其中最主要的一条则是贯穿全城的大运河，它的形状像一个反写的“S”，全长3800米，河道宽在30米到70米之间，深约5米。威尼斯也有许多小街小巷，但都曲折狭窄，大部分宽度只有2米左右，街道两旁的建筑多半保持着中世纪与文艺复兴时期的风貌。这里没有车马之喧，靠市中心区一带街道两旁布满了工艺品商店和旅馆，游人摩肩接踵，熙熙攘攘，终年不绝。在大街小巷间或教堂前，也有不规则的小广场，这些开敞空间不仅便于居民日常交往与聚集，而且也为城市空间艺术带来了生机。

据不完全统计，威尼斯现有各式教堂120余座，男女修道院64所，著名府邸40余座。这些建筑都是威尼斯匠师的智慧的结晶。

形成威尼斯特征之一的桥也是非常出色的，不仅数量多，而且姿态优美，为城市艺术增色不少。这些桥多半是石拱桥，也有木拱桥，有的还建有桥廊。1592年建造的里阿尔托桥较为著名。此桥全长48米，桥廊内两旁有小商店，桥中间人行道宽2.2米，桥廊的中间建有一个高起的亭子，成为大运河上的一处重要景观。另一座威尼斯著名的桥是叹息桥（1595 年），它横跨在公爵府与监狱之间的小河上，桥的体量不大，可是却造成拱廊形状，造型异常精美，柔和的曲线使河道两旁平直的建筑也显得生动活泼了。

威尼斯的一般建筑也都有自己的特色。过去由于威尼斯曾是强大的共和国与东西商业贸易的中心，不少贵族富商聚集于此，便先后在大运河两岸建造了许多开朗明快、精美悦目的府邸。这些府邸一般为三四层，高 30 米左右，底层多半是客厅及服务性用房，以便出入乘船，上面各层主要是生活起居的房间。在府邸门前的运河旁都设有一些画桩，作为系船柱，同时也成为运河上的点缀小品。威尼斯夏季气候炎热，居民常喜欢户外活动，但限于岛上地段狭小，不宜布置花园，故房屋多设有券廊、阳台，便于通风纳凉与观赏风景。在文艺复兴时期，威尼斯的建筑造型与意大利中部各城不大相同，因其地理位置离罗马较远，古典形式不甚严格，反而带有哥特建筑的遗风，常在文艺复兴建筑造型上做有连续尖券，公爵府内院即为一例。威尼斯建筑的造型，一般来说较佛罗伦萨轻巧精致，亦自由应用古典柱式和壁柱，建筑外部多用白色大理石饰面或用红黄色粉刷，红瓦屋顶上常点缀着大小不一的老虎窗和一个个突出的烟囱。在靠河畔的立面上，常设置集合式窗，而佛罗伦萨建筑采用的粗石墙面在威尼斯则不大流行。文艺复兴建筑的装饰细部也都非常精致，且在枝叶雕刻中多加以海藻纹样。后来巴洛克风格自由曲线装饰甚受欢迎，因为它可以表示自由独立的精神与繁荣富庶的特点。

今天，威尼斯执东西方商业牛耳的时期已经过去，但它迷人的风采却不减当年。

圣马可广场

威尼斯城市建设中最值得赞美的还是圣马可广场，它是在历史进程中逐步形成的，但它的最后规划与完成是在文艺复兴时期。圣马可广

圣马可广场沿海景观

场是威尼斯的市中心，也是城市建设与建筑艺术的优秀范例，多少年来一直为人们所称颂。拿破仑称它为“欧洲最美丽的客厅”。斯密思是美国的一位作家和艺术家，他在《今天的威尼斯》（1896年）一书中说：“全世界只有一个伟大的广场，而它就位于今天圣马可教堂的前面。”著名的城市规划家老萨里宁在《城市》一书中写道：“也许没有任何地方比圣马可广场的造型表现得更好了，它把许多分散的建筑物组成一个壮丽的建筑艺术总效果……产生了一种建筑艺术形式的持久交响乐。”

圣马可教堂是圣马可广场的主题建筑，始建于830年，造型采用的是拜占庭建筑风格。教堂外部带有明显的罗马风建筑特点和文艺复兴时期的装饰风格。但教堂总体效果仍和谐统一，庄严华丽，令人叹为观止。

圣马可钟塔是广场最突出的标志，从远处的海上就可看到它那挺拔秀丽、高耸入云的形体。这座钟塔高99米，一共9层，现在内部装有电梯，可以直登塔顶俯瞰全城。塔顶上立着威尼斯保护神圣马可的雕像，在阳光照耀下闪闪发光；塔顶部色彩丰富，好似天宫楼阁一般。

公爵府位于圣马可教堂的南面，造型严谨而华丽，为当时最大的

公爵府拱廊

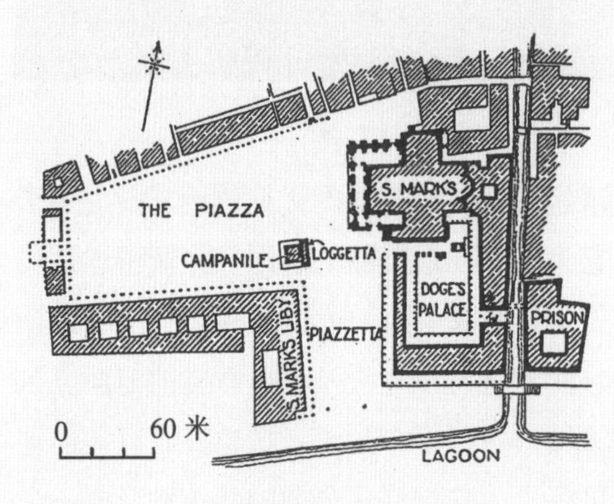

圣马可广场平面

公共建筑，也是威尼斯强大的象征。这座建筑始建于814年，后经多次重修，直到1578年才形成现在的规模，但仍然保持着原来哥特式建筑的风格，是建筑史上的代表作品。公爵府下面两层都是由白色石柱与尖券所做成的拱廊；第三层墙面镶嵌白色与玫瑰色大理石，并做成斜方格图案；在屋檐上还装有一排哥特式的小尖饰。公爵府的中间围有一个大庭院，庭院内的建筑形式主要采取的是文艺复兴风格，但在第二层则采用了联排的尖券拱廊，以暗示与外部的联系。院内有一座巨人楼梯，上面两旁立着战神马尔斯和海神尼普顿的雕像，象征着威尼斯在陆上和海上的霸权。

在圣马可教堂两旁耸立着两座巨大的三层行政办公楼。两座建筑都是在16世纪文艺复兴时期建造的，形体很相像，都是古典柱式与拱券所组成的石建筑，底层则是连续的拱廊，现在里面已改为商店了。

公爵府对面是圣马可图书馆，建于1536年。它那古典柱式与拱券相结合的造型，与周围的建筑既相协调又有差别，文艺复兴建筑大师帕拉第奥称赞它是“最漂亮的作品”。

圣马可广场这个著名的城市中心，是威尼斯唯一的公共活动场所，广场上不允许任何交通工具进入，充分体现了人的权利。

广场的平面基本上呈曲尺形，实际上却是由三个大小不同的空间组成的复合式广场。大广场是主要的公共活动中心，采取了封闭的处理，在大广场与靠海的小广场之间用一座高耸的钟塔作为过渡，同时把圣马可教堂稍稍伸出一些，对从海上来的人们起着逐步展示的引导作用。象征着小广场入口的两根花岗石柱子，用意也很巧妙，使广场内外空间似分似合，与大自然的美景融为一体，既起到分隔作用，又不遮挡视线。在教堂北面角落上，还有一个不大惹人注意的小空间，称之为小狮子广场，中间有一个不高的长方形平台，前面用一对狮子作为标志，营造出闹中取静的环境。

组成圣马可广场的三个空间都做成梯形平面，入口的一边较窄，主体建筑一边较宽，利用透视的原理产生了很好的艺术效果，使人们从入口看主体建筑时，在视觉上更感受到广场的开阔与主体的宏伟。从教堂向入口看时，则会感到更加深远，这种手法在文艺复兴时期的广场中应用极为普遍。

广场建筑群的艺术构图很有节奏感，高耸的钟塔打破了周围建筑的单调的水平线条，不但起了艺术对比作用，而且还显得重点突出。广场周围的建筑物由于是各个时代陆续建成的，在造型上有着丰富的变化，同时又很和谐统一。广场的地面异常整洁，用大理石块拼成彩

圣马可广场

色图案，在教堂前点缀着三根大旗杆和两排胜利灯柱。每当节日之际，旌旗招展，鸽群飞翔，人们载歌载舞，更是呈现出一派欢乐景象。

大广场的面积为12800平方米，与周围建筑高度的比例很恰当，同时也很适应人的尺度。大广场的深度为175米，教堂一边的宽度为90米，西面入口一边的宽度为56米，长与宽大约成2∶1的比例。钟塔距西面入口约为140米，当人们进入西面入口时，便能从券门中看到一幅完整的广场建筑群的生动画面。塔高与视距的比大约为1∶1.4，位置适宜，组合得体，是广场建筑群设计的上乘之作。

为了使封闭的广场与开阔的海面有所过渡，广场周围建筑底层全采用了外廊。同时，从小广场向南望，海湾对面小岛上的圣乔治教堂（1560—1575年）清晰可见，这座小教堂的钟塔与圣马可广场的巨大钟塔遥相呼应。

总之，圣马可广场在空间处理、设计手法、结合自然环境、建筑艺术以及比例尺度等方面都具有高度的成就，值得借鉴。它不愧为一座最美丽的广场！

目前，威尼斯由于地面下沉，整个城市正在以前所未有的速度向海中沉降，圣马可广场和许多街道都在海潮高涨时受到冲击，许多著名的建筑物的底层都被水淹没，这是亟待解决的问题。

6. 法国的古典主义与享誉世界的宫殿

17 世纪的法国，是欧洲最强盛的国家，文化、艺术与建筑都崇尚古典主义，享誉世界的卢浮宫与凡尔赛宫就是这一时期古典主义建筑的杰出代表。

由于王权的强大、资产阶级的兴起、城市经济的活跃，世俗文化得到进一步发展，这就使当时的资产阶级、国王和贵族们很乐意接受意大利的文艺复兴文化。17 世纪下半叶，法王路易十四（1643—1715）执政，法国封建专制制度发展到了顶点，王权和军事力量空前强大。路易十四时期的法国，具有欧洲最强大的君主政权，路易十四曾经宣称“朕即国家”，并且努力运用科学、文学、艺术、建筑等一切可以利用的工具，宣传“忠君即爱国、爱国即忠君”的思想。

强盛而黩武的法国称霸于欧洲，同时也成了欧洲的文化中心。欧洲各国奴颜婢膝地从法国学习一切，从文学、艺术的式样到走路和鞠躬的姿态。

古典主义

在17世纪专制王权的极盛时代里，文化、艺术和建筑都有飞速发展。建筑为了适应专制王权的需要，在这一时期极力崇尚庄严的古典风格。

在建筑造型上表现为严谨、华丽、规模巨大，特别是古典柱式应用得更普遍了；在内部装饰上丰富多彩，也应用了一些巴洛克（一种艺术风格名称）的手法。规模巨大而雄伟的宫廷和纪念性的广场是这一时期的典型建筑，特别是帝王和权臣大肆建造离宫别馆，修筑园林，成为当时欧洲学习的榜样。这时期的宗教建筑地位降低了，17 世纪只有耶稣会建造了一些规模不大的巴洛克式教堂，17 世纪后半叶教堂的式样则变为古典风格的了。

随着古典风格的盛行，1671 年在巴黎设立了建筑学院，培养的人才多半出身于贵族，他们瞧不起工匠，也连带着瞧不起工匠的技术。从此，劳心者和劳力者截然分开，建筑师走上了只会画图而脱离生产实际的道路，形成了所谓崇尚古典形式的学院派。学院派的建筑和教育体系，一直延续到 20 世纪初。在它培养出来的建筑师中间，形成了对建筑的概念、对建筑师的职业技巧的概念和对建筑构图艺术的概念。这些概念在西欧建筑界统治了几百年之久。

园林艺术在路易十四时期也有很大的发展。在路易十四之前，花园最多只有几万平方米，直接靠着府邸。到路易十四时代，出现了占地非常广阔的大花园，甚至包括整片的森林，建筑物反倒成了这大花园中的一个组成部分。这时期著名的造园艺术家是勒诺特（1613—1700），他的代表作品是凡尔赛宫的苑囿。法国这一时期园林的特点是规则式的，强调几何的轴线，这种规划方式反映着“有组织、有秩序”的古典主义原则。法国园林的风格对欧洲有很大的影响。

18 世纪法王路易十五统治时期，巴黎建筑学院仍然是古典主义的大本营，他们在理论上崇拜着意大利的帕拉第奥。同时，本时期在城市广场建设方面具有突出的成就，巴黎的协和广场（1755—1772 年）与南锡的市中心广场（1752—1755 年）都是杰出的例子。

巴黎卢浮宫

卢浮宫是法国历代国王的宫殿，建造时间为1546至1878年，前后延续300多年。卢浮宫的建造是从法王法兰西斯一世时开始的，路易十四时期是宫殿建设的兴盛时代。卢浮宫的建筑艺术展示了法国各个历史阶段的成就。它和杜伊勒里宫总占地面积为45英亩（约18.2万平方米），是欧洲最壮丽的宫殿建筑之一。

卢浮宫在中世纪时是国王的一个旧离宫，1546年，法王法兰西斯一世委派建筑师莱斯科（1515—1578）在原有哥特式建筑的位置上重新建造新的宫殿，就是现在卢浮宫院的西南一角。这个设计采用了16世纪法国最流行的文艺复兴府邸的形式，平面布置成一个带有角楼的封闭的四合院，院子大约只有2800平方米。

1624年，法王路易十三决定扩建卢浮宫，放弃了莱斯科的方案，命建筑师勒梅西开始建造新的庭院（1624—1654年），面积扩大到约1.5万平方米，比原来的院子大四倍。但勒梅西只是向北延长了西面已建成的部分，并完全照样造起了对称的一翼，并加上了中央塔楼，形成了西面的主体。

内院的立面还保留着原状。这一部分一共有九个开间，第一、第五、第九三个开间向前凸出，形成了立面的垂直划分部分，它们的上面有

卢浮宫内院景观

弧形的山墙。这种处理，虽然完全用的是柱式，但却是法国的传统手法。阁楼的窗子不再是一个个独立的老虎窗，而是连成一个整齐的立面，好像是第三层楼。中央塔楼部分比两侧高一层，屋顶也特别强调法国的传统做法，重点很突出。

整个立面的装饰很精致，由下向上逐渐丰富。第一层是科林斯柱式，在檐壁上有些浮雕；第二层是混合柱式，檐壁上的浮雕比第一层的深，而且窗子上的小山花里也刻着精致的浮雕；阁楼的窗间墙上布满了雕刻，它的檐口上也有一排非常细巧的装饰。这些装饰均出自名家之手。

路易十四时期，著名建筑师勒沃曾为卢浮宫设计了宫院南、北、东三面的建筑物。这三面建筑物朝内院的立面都是按照已经完成的部分设计的。1667 年至 1674 年间，路易十四指定勒沃、勒布伦和佩罗三人合作重新改建外立面，于是建成了著名的卢浮宫东廊。卢浮宫东廊的设计与建造完全是遵循古典主义原则进行的。

卢浮宫东廊是添加在已经建成的东部建筑物上的，所以它和内部房间没有很好的联系，虽然在建造它的时候拆改了部分原有的建筑物。东立面总长 172 米，高 29 米。在建造的时候，因为有护壕，所以下面还建有一段大块石的墙基。

这个立面在横向分成五部分，但是，整个立面很长，因此，立面上占主导地位的是两列长柱廊，中央部分和两端仅仅以它们的实体来对比衬托这个廊子。廊子用 14 个凹槽的科林斯双柱，柱子高约 12.2 米，贯通第二、第三层，而第一层则作为基座处理，以增加它的雄伟感。这个东立面是皇宫的标志，它摒弃了烦琐的装饰和复杂的轮廓线，以简洁和严肃的形象取得了纪念性的效果。后来又以同样的手法重建了卢浮宫院的南、北两个立面。

在这个立面上，柱式构图是很严格的，它的主要部分的比例保持着简单的整数比，具有精确的几何性。它是古典主义的唯理主义思想的具体表现，用冷冰冰的计算代替了生动的造型构思。

17 至 18 世纪，古典主义思潮在全欧洲占统治地位，卢浮宫的东立面极受推崇，人们普遍认为它恢复了古代“理性的美”。它成了 18 和

19 世纪欧洲宫廷建筑的典范。

卢浮宫里的阿波罗长廊（1662 年）的内部装修是著名画家勒布伦的作品，在 1849 至 1853 年由画家都班补充完成。它总长 61 米，宽 9.4 米，最高点 11.3 米，是路易十四时代宫殿内部装饰的代表作品之一。

17 世纪末，路易十四以全力经营凡尔赛宫，卢浮宫的建设便停顿了下来，直到 19 世纪初拿破仑一世时又扩建了卢浮宫院的西部外立面，并拟将卢浮宫与杜伊勒里宫连接起来。这个意图直到拿破仑三世时才得以突破。现代的路易拿破仑广场南北的建筑物，即所谓的“新卢浮宫”（1850—1857 年）。

卢浮宫的规模是巨大的，在技术上与艺术上都体现了当时匠师们的最高成就，同时也充分反映了法国古典主义建筑的特征。

卢浮宫目前已改为法国国家艺术博物馆，珍藏着世界许多珍贵的艺术品，著名的古希腊维纳斯雕像、意大利文艺复兴时期杰出的艺术家达·芬奇所作的蒙娜丽莎画像都珍藏在这里。现在每年前来参观的人有几百万。为了解决人流交通及辅助用房的需求，20 世纪 80 年代末，法国政府提出要扩建卢浮宫陈列与办公用房 4.6 万平方米，并聘请建筑师贝聿铭进行设计，这就是闻名世界的卢浮宫玻璃金字塔方案，虽然它也曾引起轩然大波，但最后经法国政府批准，仍于 20 世纪 90 年代初建成。卢浮宫不仅是一座古典主义建筑艺术的里程碑，而且也是一座享誉世界的艺术殿堂。

卢浮宫玻璃金字塔

凡尔赛宫

闻名遐迩的凡尔赛宫是法王路易十四和路易十五时期古典主义建筑的代表作。从1661年开始建造，直到1756年才基本结束。

路易十四时期是法国专制王权最昌盛的时期，宫廷成为社会的中心，也是建筑活动的主要对象。为了进一步显示绝对君权的威严气派，先辈留下的宫殿已不能满足路易十四的要求，于是建造规模巨大的凡尔赛宫便提到日程上来了。

凡尔赛原来是帝王的狩猎场，距巴黎西南18千米。1624年，法王

凡尔赛宫内院外观

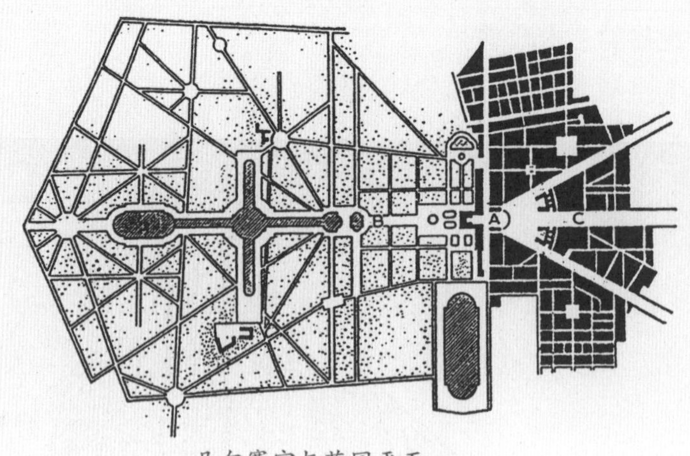

凡尔赛宫与花园平面

A. 宫殿　B. 花园　C. 城镇

凡尔赛宫

路易十三曾在这里建造过一个猎庄，平面为三合院式，开口向东，外形是早期文艺复兴建筑的式样，并带有浓厚的法国传统。建筑物是砖砌的，有角楼和护壕。1661 年，路易十四决定在旧猎庄的位置上新建宏伟的凡尔赛宫，并将建筑师勒沃从卢浮宫的施工现场调来这里设计建造。

路易十四有意保留这所古老的三合院砖建筑物，并使它成为未来庞大的凡尔赛宫的中心。这就是后来的“大理石院”。勒沃奉命在原来建筑物的外围南、西、北三面扩建，又把两端延长和后退，在大理石院前面形成一个御院，在御院前面，由辅助房屋和铁栅形成凡尔赛宫的前院。再前面则是一个放射形的广场，称之为练兵广场。新的建筑物都是用石头建造的。

凡尔赛宫的规模和面貌主要是在 1678 至 1688 年间由学院派古典主义的代表者裘·阿·孟莎规划设计的。

孟莎设计了凡尔赛宫的南北两端，使它成为总长度略超过 400 米的巨大建筑物。在中央部分的西面，孟莎补造了凡尔赛宫最主要的大厅——73 米长的镜厅，它可以和卢浮宫的阿波罗长廊相媲美。

大理石院的中央部分，因为是旧猎庄的正房，是路易十四的生活空间，所以这时候也把它的立面稍微修整了一番。凡尔赛宫主体的最后完成，是在 1756 年路易十五统治时期。

凡尔赛宫的平面布置是非常复杂的。左翼（南端）是王子和亲王们居住的地方，右翼是法国中央政府各部门的办公处，御院北面的教堂是很有代表性的古典主义建筑。

凡尔赛宫的中央部分，即国王和王后的起居场所，是法国封建统治的中心。为了把路易十四的卧室放在中央，连教堂都得让位而移到旁边。中央部分的内部，布置有宽阔的连列厅和富丽堂皇的大楼梯。墙壁与天花板装有华丽的壁灯和吊灯，并布满了浮雕壁画，而且用彩色大理石镶成各种几何图案。在大厅里还陈设有立像、胸像等雕刻品。

凡尔赛宫的西边是花园，它是世界上最大的和最著名的皇家园林，也是规则式园林的典型。它的面积约有 6.7 平方千米。设计者是著名的造园家勒诺特。

凡尔赛花园有一条长达 3 千米的中轴线，和宫殿的中轴线相重合，中轴线上有明澈的水渠。水渠成十字形，横向水渠的北端是大特里亚农宫（1687 年），南端是动物园，在水渠和宫殿之间，有一片开阔的草地和花坛，它的两侧是密林。

花园的大路和水渠的尽端或交叉点上，都设有对景。除建筑小品外，还点缀着水池、雕像和喷泉，它们都有很高的艺术水平。在凡尔赛花园中，许多景物的题材都以阿波罗为中心，因为阿波罗是太阳神，象征“太阳王”路易十四。

花园之外是森林和旷野，所以从宫殿里看出去，花园是没有边界的。

凡尔赛宫的东面广场有三条放射状大道，中央一条通向巴黎市区的叶丽赛大道和卢浮宫。在三条大道的起点，夹着两座单层的御马厩，这御马厩是石头造的，像贵族府邸一样讲究精致，甚至还用雕刻装饰起来。专制君主的穷奢极欲在此展露无遗。

放射状大道是新的城市规划手法，它也反映了唯理主义的思想与巴洛克的开放特点。

凡尔赛宫在设计上的成功之处，是把功能复杂的各个部分有机地组织成为一个整体，并且使宫殿、园林、庭院、广场、道路紧密地结合起来，形成统一的规划，强调了帝王的尊严。

从正立面看，由于宫殿的前后错综复杂，房屋一望无边，加上严谨而又丰富的古典主义建筑外形，形成了宏伟壮丽的建筑群效果。

凡尔赛宫的西面，也就是靠花园的一边，为三层建筑，底层是粗石墙面，上面是一排壁柱，顶上有一层阁楼和栏杆，在400多米长的水平轮廓线上，没有起伏的变化，虽然古典主义的理性有余，但比起正面生动活泼的形象则略逊一筹。

凡尔赛宫是法国绝对君权的纪念碑。它不仅是帝王的宫殿，而且是国家政治的中心，是新的生活方式和新的政治观点的最完全、最鲜明的表现。

为了建造凡尔赛宫，当时曾集中了3万劳力，组织了建筑师、园艺师和各种技术匠师。除了建筑物本身复杂的技术问题之外，还有引水、喷泉、道路等各方面的问题。这些工程问题的解决，证明17世纪后半叶法国财富的集中和技术的进步，也表现了工程技术人员和工匠的智慧及其在建筑史上的成就。

同时，封建帝王在建造宫殿、苑囿中的穷奢极欲与挥霍无度，则使广大劳动人民陷入了水深火热之中，并导致法国陷入经济危机。

提到凡尔赛宫就不能不使人联想起维贡府邸，它原是路易十四时期财政大臣福克的别墅，位于巴黎南面的默伦地方，1657至1661年建。福克曾请了当时最好的建筑师勒沃为他设计这座府邸，又请了最著名的园林家勒诺特为他设计花园。建筑的中央是一个椭圆形的大沙龙（客厅），两侧是起居室和卧室，都朝向花园。建筑共二层，正立面应用了古典的水平线脚与柱式，屋顶具有法国特色。整座建筑造型严谨，表现出法国古典主义的典型特征。在府邸的后面是大花园，园内不仅有水池、花坛，而且还有许多栩栩如生的雕像点缀。因此，其建筑与园林规模虽不如王宫气派，但室内外装饰之精美却非凡无比。当维贡府邸于1661年落成时，福克大臣极为满意，遂决定邀请国王与群臣到他的新府邸做客聚会以炫耀他的新居。法王路易十四果然应邀前来，

维贡府邸外观

他看到维贡府邸确实不同一般，即使王宫也自愧不如，于是回到卢浮宫后便决定要兴建凡尔赛宫，其豪华程度一定要超过维贡府邸。当年他就将勒沃与勒诺特派往凡尔赛现场，这便促成了这座欧洲最雄伟华丽的宫殿的诞生。福克大臣并没有能达到炫耀的目的，反而事与愿违，路易十四很快查出了他的问题，将他问罪并处死。

7. 变幻莫测的巴洛克和洛可可风格

长春园欧式宫殿遗迹

你到过北京的圆明园遗址吗？就在它东面的长春园北部有一组欧式宫殿遗迹，你会发现这些石建筑的残迹着实和一般建筑不同，它大量应用了自由曲线的形体，雕刻装饰起伏夸张，图案在变化中富有动态感。这种新奇的艺术表现，现在被通称为巴洛克建筑风格。

18 世纪中叶，清朝乾隆皇帝由于对西洋事物具有猎奇心理，并且要满足奢侈享乐的生活需要，下令建造了这组建筑。当时这组建筑俗称“西洋楼”，主要的殿宇为海晏堂与远瀛观。建筑师与机械设备工程师均为西洋传教士。建筑的风格为意大利巴洛克式，但掺有中国的传统手法。清咸丰十年（1860 年），英法联军侵入北京，圆明园与长春园均被破坏。但今天仍能从它的残迹中想象出当时的大致面貌。巴洛克建筑风格由于奢侈豪华，且与中国传统建筑形式迥异，故在当时的中国并未能流行。

意大利巴洛克建筑

巴洛克建筑风格的诞生地是17世纪的意大利，它是在文艺复兴晚期古典建筑的基础上发展起来的。由于当时刻板的古典建筑教条已使创作受到了束缚，加上社会财富的集中，需要在建筑上有新的表现，因此，巴洛克建筑风格首先在教堂与宫廷建筑中发展起来。这种思潮很快在欧洲流行起来。巴洛克建筑风格的特征是：大量应用自由曲线的形体，追求动态；特色鲜明的装饰、雕刻与色彩；爱用互相穿插着的曲面与椭圆形空间。

巴洛克一词的原意是“畸形的珍珠”，就是稀奇古怪的意思。古典主义者对巴洛克建筑风格的离经叛道深表不满，于是给了它这种称呼，并一直沿用至今。其实，这种称呼并不是很公正的。巴洛克风格产生的原因很复杂，这种风格最先体现在罗马天主教教堂建筑上，后来逐渐影响到其他艺术领域。

巴洛克建筑的历史渊源最早可上溯到16世纪末罗马的耶稣会教堂（1568—1584年），它是从手法主义走向巴洛克风格的最明显的过渡作品，也有人称之为第一座巴洛克建筑。耶稣会教堂的设计人是意大利文艺复兴晚期著名建筑师维尼奥拉和波尔塔。耶稣会教堂平面为长方形，端部突出一个圣龛，由哥特式教堂惯用的拉丁十字形演变而来，中厅宽阔，两翼不明显，拱顶满布雕像和装饰。两侧用两排小祈祷室代替原来的侧廊。十字正中升起一座穹隆顶。教堂的圣坛装饰富丽而自由，上面的山花突破了古典法式，做有圣像和装饰光芒。教堂外观借鉴早期文艺复兴建筑大师阿尔伯蒂的佛罗伦萨圣玛丽亚小教堂的处理手法。正门上面分层檐部和山花做成重叠的弧形和三角形，大门两侧采用了半圆倚柱和扁壁柱。正面外观上部两侧做了两对大卷涡。这些处理手法别开生面，后来被广泛仿效。

巴洛克风格打破了对古罗马建筑理论家维特鲁威的盲目崇拜，也冲破了文艺复兴晚期古典主义者制定的种种清规戒律，反映了向往自由的世俗思想。另一方面，巴洛克风格的教堂富丽堂皇，而且能造成相当强烈的神秘气氛，也符合天主教会炫耀财富和追求神秘感的要求。因此，巴洛克建筑从罗马发端后，不久即传遍欧洲，以至远达美洲。有些巴洛克建筑过分追求华贵气派，到了烦琐堆砌的地步。

从17世纪30年代起，意大利教会的财富日益增加，各个教区先后建造起自己的教堂。由于规模小，不宜采用拉丁十字形平面，因此多建为圆形、椭圆形、梅花形、圆瓣十字形等单一空间的殿堂，在造型上大量使用曲面。典型实例有罗马的圣卡罗教堂（1638—1667年），是波洛米尼设计的。它的殿堂平面近似橄榄形，周围有一些不规则的小祈祷室；此外还建有生活庭院。殿堂平面与天花装饰强调曲线动态，立面山花断开，檐部水平弯曲，墙面凹凸很大，装饰丰富，有强烈的光影效果。尽管设计手法纯熟，也难免有矫揉造作之感。威尼斯的建筑一向比较自由，因此对巴洛克建筑风格颇有好感，巍然矗立于大运河南岸出口处的圣玛利亚·塞卢特教堂（1632—1682年）就是威尼斯巴洛克建筑的代表作。它的规模相当大，平面为八角形，正门对着大运河，建筑造型复杂而自由，立面上冠以大圆顶，并有带卷涡的扶壁支撑及曲线装饰，可以算是威尼斯的重要

圣卡罗教堂

标志之一。17 世纪中叶以后，巴洛克式教堂在意大利风靡一时，其中不乏新颖独创的作品，但也有手法拙劣、堆砌过分的建筑。

教皇和当局为了向朝圣者炫耀教皇国的富有，在罗马城修筑宽阔的大道和宏伟的广场，这为巴洛克自由奔放的风格开辟了新的途径。17 世纪罗马建筑师丰塔纳建造的罗马波波罗广场，是三条放射形干道的汇合点，中央有一座方尖碑，周围设有雕像。在放射形干道之间建有两座对称的样式相同的教堂。这个广场开阔奔放，欧洲许多国家争相仿效。法国在凡尔赛宫前，俄国在圣彼得堡海军部大厦前都仿造了放射形广场。杰出的巴洛克建筑大师和雕刻大师伯尼尼设计的罗马圣彼得大教堂前广场，周围用罗马塔司干柱廊环绕，布局豪放，富有动态感，光影效果强烈。

德国、奥地利和西班牙的巴洛克建筑

巴洛克建筑风格也在中欧一些国家流行，尤其是德国和奥地利。17 世纪下半叶，德国不少建筑师留学意大利归来后，把意大利巴洛克建筑风格同德国的民族建筑风格结合起来。到 18 世纪上半叶，德国巴洛克建筑艺术成为欧洲建筑史上一朵奇花。

德国巴洛克式教堂外观简洁雅致，造型柔和，装饰不多，外墙平坦，同自然环境相协调。教堂内部装饰十分华丽，图案多用自由曲线，造成内外强烈的对比。著名实例是班贝格郊区的十四圣徒朝圣教堂（1744—1772 年）、罗赫尔的修道院教堂（1720 年）。十四圣徒朝圣教堂平面布置非常新奇，正厅和圣龛做成三个连续的椭圆形，拱形天花也与此呼应，教堂内部上下布满用灰泥塑成的各种植物形状装饰图案，金碧辉煌。教堂外观较平淡，正面有一对塔楼，装饰以柔和的曲线，富有亲切感。罗赫尔修道院教堂也是外观简洁，内部装饰精致，尤其是圣龛上部的天花，布满白色大理石雕刻的飞翔天使；圣龛正中是由圣母和两个天使组成的群雕；圣龛下面是一组表情各异的圣徒雕像。

奥地利的巴洛克建筑风格主要是从德国传入的，尤其在18世纪上半叶，有许多著名的建筑都是德国建筑师设计的。奥地利典型的巴洛克建筑如梅尔克修道院（1702—1714年）就是一例，它的外表非常简洁，内部与天花却布满浮雕装饰，色彩绚丽夺目，其华贵风格表现了教会权势之大。

西班牙的巴洛克建筑则非常富有特色，它在巴洛克风格基础上又加上了伊斯兰装饰的特点。这种风格兴起于17世纪中叶，造型自由奔放，装饰繁复，富于变化，但有的建筑装饰堆砌过分。西班牙圣地亚哥大教堂（1738—1749年）是这一时期建筑的典型实例。

总之，巴洛克建筑是建筑史上的一朵奇花，它使人感到变幻莫测，既成功表现了教会显赫的权势与宗教神奇色彩，同时，也在反对僵化的古典形式、追求自由奔放的性格方面起了重要的作用。

洛可可风格

洛可可风格在18世纪20年代产生于法国，它是在意大利巴洛克建筑的基础上发展起来的，主要用于室内的装饰，有时也表现在建筑的外观上。这种风格的特点是：室内应用明快的色彩和纤巧的装饰，家具也非常精致而偏于细腻，不像巴洛克建筑风格那样色彩浓艳、装饰起伏感强烈。德国南部和奥地利洛可可建筑的内部空间非常复杂。洛可可装饰的特点是：细腻柔媚，常常采用不对称手法，喜欢用弧线和S形线，尤其爱用贝壳、旋涡、山石作为装饰题材，卷草舒花，缠绵盘曲，连成一体。天花和墙面有时以弧面相连，转角处布置壁画。为了模仿自然形态，室内建筑部件也往往做成不对称形状，变化万千，但有时流于矫揉造作。室内墙面粉刷，爱用嫩绿、粉红、玫瑰红等柔和的浅色调，线脚大多用金色。室内护壁板有时用木板，有时做成精致的框格，框格上部常做成圆弧形，框内四周有一圈花边，中间常衬以浅色东方织锦。

洛可可风格反映了法国路易十五时期宫廷贵族的生活趣味，因此这种风格曾风靡欧洲。它的代表作是巴黎苏俾士府邸的公主沙龙和凡尔赛宫的王后居室。19世纪末这种风格也受到美国资产阶级的欢迎，他们为了表现新贵族的奢侈豪华，在室内也常用洛可可风格，其装饰豪华细腻的程度并不亚于当年的法国。例如美国罗得岛州纽波特城在1892年为“火车大王”凡德比尔特建造的“浪花大厦”，同年为凡德比尔特之弟新建的“大理石大厦”，以及于1901年为伯温德新建的“埃尔姆斯别墅”，都在椭圆形沙龙中应用了洛可可的装饰风格。

苏俾士府邸的公主沙龙

第四章

近现代建筑的革命

第四章
近现代建筑的革命

近现代社会的发展促进了建筑的革命，它为人类创造了史无前例的建筑奇迹。百层以上的摩天大楼，200 多米跨度的大空间建筑，一望无边的大型厂房，以及形形色色的建筑类型和外观，不断地改变着人们对建筑的印象，显示了现代化的进程。这是时代的呼唤，是社会进步的象征。

近现代建筑为什么会发生如此巨大的变化呢？这与当时的社会历史条件是分不开的。17 世纪英国资产阶级革命（1640—1688 年）确立了资本主义制度在英国的统治，它为英国的工业革命提供了重要的条件。英国革命不仅对本国，而且对欧洲各国的反封建革命运动，都产生了巨大的影响。因此，1640 年开始的英国资产阶级革命成了世界近代史的开端。

18 世纪中叶，英国是一个拥有大量手工业工场的国家，当时最主要的工业部门是纺织业。正是从这个部门开始了 18 世纪 60 年代到 19 世纪三四十年代的英国工业革命。由于工业革命，大量使用机器，英国变成了世界工厂。继英国之后，机器生产开始普及到欧美各国。

在 17 世纪中叶到 19 世纪这一段时期里，资产阶级革命的狂风暴雨使社会的一切都处于动荡之中，不仅冲破了旧的生产关系，解放了资本主义生产力，推动了科学技术的进步，而且也打破了长期禁锢人们思想意识的封建传统教条，使资本主义的启蒙思想得到传播。

启蒙主义者认为最合乎理性的社会是在法律面前人人平等的社会，是有权自由地处理私有财富和“自由地思想”的社会，这个理性的王国，不是别的，正是资产阶级理想化的王国。启蒙主义的这些思想，在欧洲建筑发展史上深深地打下了烙印。从18世纪中叶起，对“民主的”希腊和“共和的”罗马的礼赞崇拜，促进了18世纪后期和19世纪初叶欧洲各国的“古典复兴”建筑的流行。

资本主义社会的发展，也给建筑事业带来了一系列的问题。

首先是城市因工业生产集中，也集中了大量受雇佣的劳动群众，城市迅速地膨胀起来。城市人口已经不像中世纪那样按几千人计算，而是按百万计算了。土地的私有制和建设的无政府状态造成了城市建筑的混乱。

其次是住宅问题。尽管大生产能有足够的生产力来解决这一问题，但是由于资本主义私有制的束缚、阶级对立的鲜明，在资产阶级高楼大厦的背后却是无产阶级居住的贫民窟。

再次是建筑技术与建筑艺术的矛盾。新的科学技术和新的建筑类型的出现对建筑形式提出了新的要求。旧的历史样式已不能满足新兴的资本主义社会的需要，于是旧形式崩溃的末日来临了，探讨新建筑形式的思潮风行一时。此外，由于1914至1918年的第一次世界大战使欧洲经济受到很大影响，以廉价与简洁为特征的现代建筑便具备了迅速发展的条件。

近几十年来，随着科学技术与工业生产的发展，在建筑材料、建筑结构、施工技术以及建筑设计方法等方面又有很大的进步，致使各种建筑类型都获得了新的成就。特别是轻质高强材料的出现，以及混凝土、钢材、铝板、玻璃、塑料的大量应用，使建筑的面貌大为改观。为了适应工业大生产的要求，目前某些国家的大量建筑越来越趋向构件标准化、建筑工业化、施工机械化。

世界近现代建筑是极为复杂而又有趣的一个课题。它的变化反映着当代的物质生产和科学技术的水平，也反映了一定的社会意识形态的状况。西方现代建筑既是现代物质生产发展的结果，又是资本主义社会精神世界的标记。毫无疑问，近现代建筑比封建社会的建筑大有进步。在建筑设计上更注意功能的处理、现代技术的应用以及经济效果，从而为建筑的大量工业化建造开辟了广阔的前途。同时，建筑艺术方面的变化也相当大，从豪华的折中主义风格到取消装饰、净化建筑，继而走向丰富空间、增加艺术享受，出现了不少新的理论与手法，使当代建筑风格为之一新。

1. 建筑的新技术

恩格斯曾经告诉我们："在资本主义初期，如果生产受科学之惠，那么科学受生产之惠则更是无穷之大。"

英国资产阶级革命虽然出现于17世纪，但是欧美建筑的重大变化却出现在18世纪的工业革命前后。由于资本主义大生产的发展，特别是工业革命以后，建筑科学有了很大的进步，新的建筑材料、新的结构技术、新的施工方法的出现，为近代建筑的新发展提供了无限的可能，因而在建筑上摆脱折中主义束缚的要求就更加迫切。资产阶级终于在建筑上显示出自己的力量。"它第一个证明了，人的活动能够取得什么样的成就。它创造了完全不同于埃及金字塔、罗马水道和哥特式教堂的奇迹……"（《共产党宣言》）

初期生铁结构

金属作为建筑材料，在古代建筑中就已有使用，至于大量地应用，特别是以钢铁作为建筑结构的主要材料则始于近代。随着铸铁业的发达，1775至1779年第一座生铁框架桥在英国塞文河上建造起来了，桥的跨度达30米，高12米。1793至1796年在英国伦敦又出现了一座新式的单跨拱桥——森德兰桥，桥身亦由生铁制成，全长达72米，是这

布莱顿印度式皇家别墅

一时期构筑物中最早最大胆的尝试。

真正以铁作为房屋的主要材料，最早是应用于戏院、仓库等建筑的屋顶。1786 年，为巴黎法兰西剧院建造的铁框架屋顶，就是一个明显的例子。后来这种铁构件在建筑物上的大量应用便逐步得到推广。铁构件首先在工业建筑上取得了阵地，因为它没有传统的束缚。典型的例子如 1801 年建造的英国曼彻斯特的萨尔福特棉纺厂的七层生产车间。它是生铁梁柱和承重墙的混合结构，在这里铁构件首次采用了“工”字形的断面。在民用建筑上，典型的例子是英国布莱顿的印度式皇家别墅（1818—1821 年），它重约 50 吨的大洋葱顶就是被支撑在细瘦的铁柱上的。看来，这种类型的生铁构件的应用，可能都是为了追求新奇与时髦。

铁和玻璃的配合

为了采光的需要，铁和玻璃两种建筑材料的配合应用，在 19 世纪的建筑中获得了新的成就。1829 至 1831 年最先在巴黎旧王宫的奥尔良廊顶上应用了这种铁框架与玻璃配合的建筑方法，它和周围折中主义的沉重柱式与拱廊形成强烈的对比。1833 年出现了第一个完全以铁架和玻璃构成的巨大建筑物——巴黎植物园的温室。这种建筑方式对后来的建筑有很大的启示。

向框架结构过渡

框架结构最初在美国得到发展，它的主要特点是以生铁框架代替承重墙。1854 年在纽约建造了一座五层楼的框架结构的印刷厂，便是初期生铁框架形式的例子。美国于 1850 至 1880 年之间所谓的“生铁时代”中建造的商店、仓库和政府大厦多应用生铁框架结构。如美国西部的贸易中心圣路易斯市的河岸上就聚集有 500 座以上这种生铁结构建筑。在外观上以生铁梁柱纤细的比例代替了古典建筑的沉重稳定。尽管如此，它仍然未能完全摆脱古典形式的羁绊。高层建筑在新结构技术的条件下有了建造的可能性。第一座依照现代钢框架结构原理建造起来的高层建筑是芝加哥家庭保险公司的十层大厦（1883—1885 年），它的外形仍然保持着古典的比例。

升降机与电梯

随着近代工厂与高层建筑的出现，再靠传统的楼梯来解决垂直交通问题，已有很大的局限性，这就促进了升降机的发明并使人类长期以来的梦想得以实现。最初的升降机仅用于工厂中，后来逐渐用到一般高层房屋上。第一座真正安全的载客升降机是在美国纽约 1853 年世界博览会上展出的蒸汽动力升降机。1857 年这部升降机被装置于纽约的一座商店。1864 年这种升降机技术传至芝加哥。1870 年贝德文在芝加哥应用了水力升降机。此后，一直到 1887 年才发明了电梯。欧洲升降机的出现则较晚，直到 1867 年才在巴黎国际博览会上装置了一架水力升降机，1889 年应用在埃菲尔铁塔内。

2. 建筑的新类型

随着生产的发展与生活方式的日益复杂，19 世纪末人们对建筑提出了新的任务，建筑需要跟上社会的要求。这时建筑负有双重职责：一方面需要解决不断出现的新建筑类型问题，如火车站、图书馆书库、百货商店、市场等；另一方面则更需要解决新技术与新建筑形式的配合问题。建筑师与社会生活的关系以及与工程技术、艺术之间的关系更加紧密了，这就促使建筑师在新形势下摸索出建筑创作的新方向。

博览会与展览馆

19 世纪后半叶，工业博览会给建筑的创造性提供了最好的条件与机会。显然，博览会的产生是近代工业的发展和资本主义工业品市场竞争的结果。博览会的历史可分为两个阶段：第一个阶段是在巴黎开始和终结的，时间为 1798 至 1849 年，范围只是全国性的；第二个阶段则占了整个 19 世纪后半叶，具体时间为 1851 至 1893 年，这时它已具有了国际性质，博览会的展览馆便成为新建筑方式的试验田。博览会的历史不仅表现了在建筑中铁结构的发展，而且还表现了审美观点的重大转变。在国际博览会时代中有两次最突出的建筑活动，一次是 1851 年在英国伦敦海德公园举行的世界博览会的“水晶宫”展览馆，另一次则是 1889 年在法国巴黎举行的世界博览会中的埃菲尔铁塔与机械馆。

“水晶宫”展览馆

1851年建造的伦敦“水晶宫”展览馆，开辟了建筑形式的新纪元。它的出现过程非常有趣，原来在1850年初，英国政府为了兴建博览会展览馆，曾公开向世界征求设计方案，共收到245种设计图样，可是很难有方案能够在9个月内实现，虽然漂亮的外形很吸引人注意，然而单是所需的1500万块砖就无法供应，更不要谈内外装饰与艺术要求了。工期紧迫成了首要问题。就在这个关键时刻，英国的一位园艺师帕克斯顿聪明地提出了一个方案，他依照装配花房的办法来建造一个玻璃铁架结构的庞大外壳。建筑物长度达到1851英尺（约564米），象征1851年建造；宽度为408英尺（约124.4米），共有五跨，以8英尺为单位（因当时玻璃长度为4英尺，用此尺寸作为模数）。外形为一简单阶梯形的长方体，并有一个垂直的拱顶，各面只显出铁架与玻璃，没有任何多余的装饰，完全表现了工业生产的机械本能。在整座建筑物中，只用了铁、木、玻璃三种材料，施工从1850年8月开始，到1851年5月1日结束，总共花了不到9个月的时间，便全部装配完成。“水晶宫”的出现，曾轰动一时，人们惊奇地认为这是建筑工程的奇迹。1852至1854年，“水晶宫”被移至锡德纳姆，在重新装配时，将中央通廊部分原来的阶梯形改为筒形拱顶，与原来纵向拱顶一起组成了交叉拱顶的外形。整个建筑在1936年毁于大火。

此后，国际博览会的中心转移到了巴黎，如1855年、1867年、1878年、1889年的国际博览会，均在巴黎举办。

1889年的国际博览会是这一历史阶段的顶峰。这次博览会主要以埃菲尔铁塔与机械馆为中心。铁塔是在埃菲尔工程师领导下，在17个月内建造成的一座巨大的高架铁结构。塔高328米，内部设有四部水力升降机，这种巨型结构与新型设备显示了资本主义初期工业生产的强大威力。根据实测，铁塔早晨向西偏100毫米，白天向北偏70毫米，严冬矮170毫米。其设计图纸多达5000张。

机械馆布置在塔的后面，是一座空前未有的大跨度结构，它刷新了世界建筑的新纪录。这座建筑物长度为420米，跨度达115米，主要结构由20个构架所组成，四壁全为大片玻璃，结构方法初次应用了三铰拱的原理，拱的末端越接近地面越窄，每点集中压力约为1200千牛，这种新结构试验的成功，促使建筑艺术不得不探求新的形式。机械馆直到1910年才被拆除。

19世纪末叶，美国工业发展迅猛，于是也开始举办国际博览会。其中1893年在芝加哥举办的国际博览会规模较大。美国资产阶级急于在这次博览会中展现当时自己在各方面的成就，迫切地需要“文化”来装饰一下自己的门面以和欧洲相抗衡，所以芝加哥博览会的建筑物都采用了欧洲折中主义的形式，并且特别热衷于古典柱式的表现。和欧洲新建筑发展相比较，显然是落后了一大步。

钢筋混凝土

钢筋混凝土在19世纪末到20世纪初被广泛地应用，给建筑结构方式与建筑造型提供了新的可能性。钢筋混凝土的出现和在建筑上的应用是建筑史上的一件大事。在20世纪头十年，它几乎成了一切摩登建筑的标志。钢筋混凝土结构至今仍在建筑上发挥着重大作用，它的可塑性更使建筑的体形变得丰富多彩。

钢筋混凝土的发展过程是很复杂的。早在古罗马时代的建筑中，就已经运用过天然混凝土的结构方法，但是它在中世纪时失传了，真正的混凝土与钢筋混凝土是近代的产物。

1824 年英国首先生产了胶性波特兰水泥，为混凝土结构的试制提供了条件。1829 年由于把水泥和沙石作铁梁中的填充物进一步发展了用水泥楼板的新形式。1868 年有位法国园艺师蒙湟，以铁丝网与水泥试制花钵成功，因而启发了后来的工程师以交错的铁筋和混凝土作为建筑屋顶的主要结构，这一试验为近代钢筋混凝土结构奠定了基础。

钢筋混凝土的广泛应用是在 1890 年以后。它首先在法国和美国得到发展。1894 年包杜在巴黎建造的蒙玛尔特教堂是第一个全部用钢筋混凝土框架结构建造房屋的例子。此后钢筋混凝土结构传遍欧美。

1916 年，法国巴黎近郊的奥利建造了一座巨大的飞船库，它是用钢筋混凝土建造的抛物线型的拱顶结构，跨度达到 96 米，高度达到 58.5 米。拱顶肋间有规律地布置着采光玻璃，具有非常新颖的效果。

瑞士著名工程师马亚曾设计过许多新颖的钢筋混凝土桥梁，这些桥梁的轻快形式和结构应力分布一致。此外，马亚于 1910 年还在苏黎世城建造了第一座无梁无楼盖的仓库。

所有这些新结构形式的出现，使得现代的工业厂房、飞机库、剧院、大型办公楼、公寓等的设计可以更加自由更加合理了，同时也可以更充分地利用空间和发挥建筑师的想象力。

蒙玛尔特教堂

3. 美国和英国的国会大厦

这两座国会大厦的出现是资产阶级民主革命的产物，也是当时复古主义思潮的反映。资产阶级革命以后，新兴的资产阶级不仅在政治上寻求民主与自由，而且想要在有代表性的重大建筑物上反映出来。然而建筑艺术的创造需要一个相当长的时间过程，因此他们只能试图从古代建筑遗产中寻求思想上的共鸣。马克思说："人们自己创造自己的历史，但是他们并不是随心所欲地创造，并不是在他们自己选定的条件下创造，而是在直接碰到的、既定的、从过去承继下来的条件下创造。一切已死的先辈的传统，像梦魇一样纠缠着活人的头脑。当人们好像只是在忙于改造自己和周围的事物并创造前所未闻的事物时，恰好在这种革命危机时代，他们战战兢兢地请出亡灵来给他们以帮助，借用它们的名字、战斗口号和衣服，以便穿着这种久受崇敬的服装，用这种借来的语言，演出世界历史的新场面。"（《马克思恩格斯选集》第一卷）虽然 19 世纪时，建筑的新技术与新形式已经出现，但是历史和传统仍在顽强地与之抗争。

美国国会大厦

1793 至 1867 年建造的美国国会大厦是罗马古典建筑复兴的重要实

美国国会大厦

例，它仿照了巴黎万神庙的造型，极力表现雄伟的纪念性。

由于美国在独立以前，建筑造型都是采用欧洲式样，这些由不同国家的殖民者所盖的建筑风格多半都不严格，并常常带有敞廊，故称之为“殖民时期风格”，其中主要是英国式。独立战争时期，美国资产阶级在摆脱殖民地制度的同时，曾力图摆脱“殖民时期风格”，但是他们没有悠久的建筑传统，只能借用希腊和罗马古典建筑风格去表现“民主”、“自由”、光荣和独立。所以古典复兴建筑曾在19世纪的美国盛极一时，尤其以罗马古典复兴建筑为主，这就是美国国会大厦选择古典建筑风格的原因。

美国国会大厦是在1792年举行设计竞赛的，当时曾征集到17个方案，获奖者是一位医生和业余建筑师，名叫威廉·桑顿（1759—

美国国会大厦

1828)，他设计的古典方案宏伟壮丽，但技术要求很高，因此他无法承担具体的技术任务，只得请一些专业建筑师协助进行工作，其中起作用较大的是拉特罗布。在施工到大圆顶时，产生了新的技术难题，于是又在1850年举行竞赛，最后托马斯·沃尔特获胜，由他主持国会大厦的工程设计，直到1867年。大厦中有些设备与装修到20世纪中叶才完成。国会大厦外部全用灰白色石块砌筑，上部圆顶是用铸铁构件建造的，这样可以减少一些圆顶的侧推力，在铸铁圆顶的外部刷上一层白漆，远远望去，和下部石墙面很协调。在圆顶的下部开有一圈小窗，既能采光和减轻重量，又能在造型上产生虚实的对比，避免了沉重的感觉。在圆顶的上部还加上一个圆形的亭子和华盛顿的青铜雕像，使这座古典建筑成为华盛顿的制高点，也成为华盛顿重要的标志性建筑。

美国国会大厦虽然采用了罗马古典复兴的建筑风格，但是由于大圆顶下的两层圆厅是用壁柱和柱廊环绕，两翼上层外观也都采用柱廊形式，因此给人的感觉是既庄严伟大，又亲切开敞，能表达一定的民主思想。在国会大厦的内部圆形大厅中，还布置有许多美国总统的雕像以作纪念，烘托出大厦的中心气氛。大厦的底层外部仿照巴黎卢浮宫东立面的做法，处理成一个基座承托着上部的柱廊，显得整座建筑稳重坚实。大厦的周围种植有许多樱花和一些灌木，初春时刻，花红草绿，配置在庄严典雅的灰白色大厦前，使国会山形成一片迷人的景色，融建筑美与自然美于一体。

美国国会大厦在轴线上与华盛顿纪念塔遥相呼应，塔身高达 166.5 米，使国会大厦前的景观更显雄伟。

英国国会大厦

英国国会大厦位于伦敦的泰晤士河西岸，由于它的造型和西敏寺教堂很相像，故亦称为西敏寺新宫，它建于 1836 至 1868 年。老建筑在 1834 年毁于大火，这便促进了新国会大厦的诞生。但是在设计的过程中曾引起了关于建筑风格的激烈争论，最后在 1836 年决定聘请查尔斯·巴里爵士作为建筑师设计新的国会大厦。英国国会大厦是浪漫主义建筑的代表作品，也是英国最著名的建筑物之一，它采用了亨利五世时期的哥特垂直式建筑风格，原因是亨利五世（1387—1422）曾一度征服过法国，采用这种风格便象征着民族的自豪感。英国国会大厦的造型和美国完全不同，它强调的是一系列垂直线条组合成的一条水平带，在这个水平带中再突出几座高塔，作为建筑的标志，其中尤以北面高达 96 米的大本钟塔和南面高达 102 米的维多利亚塔楼最为壮观，并成为该组建筑的主要轮廓线，使建筑物显得既庄严而又富有变化。这是英国最秀丽的建筑物之一。

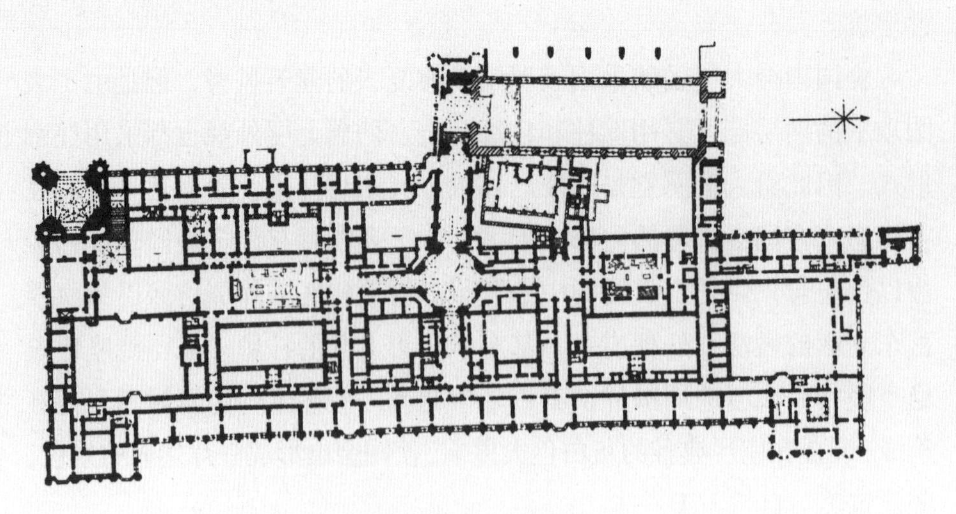

英国国会大厦平面

英国国会大厦

这组建筑的特点有三：首先是建筑造型采用了地道的哥特式细部，反映了当时哥特复兴的倾向；其次是这组建筑非常严谨，但平面却并不完全对称，它必须适应新西敏寺大厅的功能需要；第三是不规则不对称的塔楼组合与丰富的天际线，尤其是从河岸一边看去，如同优美的图画一般。

资产阶级在大革命初期，其建筑无论是采用哥特复兴式还是古典复兴式，目的都是为了表达新阶级的强大。建筑形式必须满足统治阶级的政治要求，这也正说明了建筑艺术的创造脱离不了政治羁绊的原因，同时也表明了新建筑艺术的创造还必须经过艰苦的探索过程。

4. 简洁明快的现代建筑

经过 19 世纪末和 20 世纪初无数建筑师对新建筑方向的探索，终于在 20 世纪上半叶逐渐形成了现代建筑学派。这一学派的形成与发展，有如暴风骤雨涤荡着过去的复古思潮与折中主义建筑手法，使现代建筑朝着科学的道路发展，在造型上则以简洁明快为其显著特征。

德制联盟

在现代建筑的创立过程中，1907 年由德国企业家、艺术家、工程技术人员联合组成的“德意志制造联盟”（简称“德制联盟”）曾起过重要作用。德制联盟中有许多著名的建筑师，他们认识到建筑必须和工业结合。其中享有威望的是彼得·贝伦斯（1868—1940），他是第一个把工业厂房设计升华到建筑艺术领域的人。

1909 年贝伦斯在柏林为德国电气公司设计的透平机制造车间，开始呈现出现代建筑的面貌，是建筑设计史上的一次重大创新。贝伦斯提出的主要论点是：建筑应当是真实的。他说：“现代结构应当在建筑中表现出来，这样会产生前所未见的新形式。”这个透平机车间的山墙面外形和它的大跨钢屋架完全一致，坦率地表现出结构形式，整个外立面除了钢窗和墙面外，摒弃了任何附加的装饰，它为探求新建筑起了一定的示范作用，在现代建筑史上是一座里程碑，所以这座建筑也被称为第一座真正的“现代建筑”。

贝伦斯对下一代建筑设计师影响很大。今天西方所称道的第一代建筑大师，格罗皮乌斯（1883—1969）、密斯·凡·德·罗（1886—1969）、勒·柯布西耶（1887—1965）都曾在贝伦斯的事务所工作过。他们从贝伦斯那里学到些什么呢？格罗皮乌斯体会到了工业化在建筑中的深远意义，为他后来教学与开业奠定了基础；密斯则继承了贝伦斯的严谨简洁的设计规范；柯布西耶懂得了新艺术的科技根源。三个人的信徒再把这些信条广为传播，就出现了今天西方建筑设计思想各引一端的五花八门的局面。

继承并推进贝伦斯传统的是格罗皮乌斯，1911年他设计的法古斯鞋楦厂，被西方称为第一次世界大战前最先进的建筑，是首创的现代建筑作品。鞋楦厂的造型简洁明快，一片轻灵，特别在外墙转角处，不用厚重墙墩而用玻璃，表现了现代建筑的特征。这是继贝伦斯1909年透平机车间设计之后在建筑设计上的又一次重大改革。此外，格罗皮乌斯早在1910年就设想用预制构件建造经济住宅，可以说这是对建筑工业化最早的探索。

1914年，德意志制造联盟在科隆举行展览会，除了展出工业产品之外，也把展览会建筑本身作为新工业产品展出。展览会中最引人注目的是格罗皮乌斯设计的展览会办公楼，建筑物在构造上全部采用平屋顶，经过技术处理后，可以防水和上人，这在当时还是一种新的尝试。在造型上，除了底层入口附近采用一面砖墙外，其余部分全为玻璃窗，两侧的楼梯间也做成圆柱形的玻璃塔。这种结构构件的暴露、材料质感的对比、内外空间的流通等设计手法，都被后来的现代建筑所借鉴。

芝加哥学派

19世纪70年代，在美国兴起了芝加哥学派，它是现代建筑在美国的奠基者。南北战争以后，北部的芝加哥就取代了南部的圣路易斯城的位置，成为开发西部的前哨和东南航运与铁路的枢纽。随着城市人口的增加，兴建办公楼和大型公寓有利可图，特别是 1871 年的芝加哥大火，使得城市重建问题特别突出，需要在有限的市中心区内建造尽可能多的房屋，于是现代高层建筑便开始在芝加哥出现，“芝加哥学派”也就应运而生。

芝加哥学派最兴盛的时期是 1883 年到 1893 年。它在工程技术上的重要贡献，是创造了高层金属框架结构和箱形基础。这种在造型上趋向简洁、风格独特的建筑很快地在市中心区占有统治地位，并越来越多地被建造起来。

芝加哥学派中最有影响的建筑师之一是沙利文（1856—1924），他早年在麻省理工学院学过建筑，1873 年到芝加哥，曾在詹尼建筑事务所工作。后来去巴黎，之后再返回芝加哥开业。沙利文是一位非常重实际的人，在当时时代精神的影响下，他最先提出了“形式随从功能”的理念，为功能主义的建筑设计思想开辟了道路。他的代表作品是 1899 至 1904 年建造的芝加哥百货公司大厦，它的外立面采用了典型的“芝加哥窗”形式的网格式处理手法。

芝加哥学派在 19 世纪建筑探新运动中起了一定的推动作用。首先，它突出了功能在建筑设计中的主要地位，明确了功能与形式的主从关系，力求摆脱折中主义的羁绊，为现代建筑摸索了道路。其次，它探讨了新技术在高层建筑中的应用，并取得了一定的成就，因此使芝加哥成了高层建筑的故乡。再次，它的建筑艺术反映了新技术的特点，简洁的立面符合新时代工业化的精神。

现代建筑学派

现代建筑学派是在 20 世纪 20 年代逐渐兴起的，它既反对折中主义，也不同于 20 世纪初欧洲“新艺术运动”时期的某些新建筑流派。它的指导思想是要使当代建筑表现工业化的精神。虽然现代建筑存在着不少流派，但其基本观点大致是：

1. 强调功能。提倡设计房屋应自内而外，先平面、剖面，然后设计立面；建筑造型自由且不对称，形式应取决于使用功能的需要。

2. 注意应用新技术的成就，使建筑形式体现新材料、新结构、新设备和工业化施工的特点。建筑外貌应成为新技术的反映，而不是掩饰。

3. 体现新的建筑审美观，建筑艺术趋向净化，摒弃折中主义的烦琐装饰，建筑造型要成为几何体形的抽象组合，简洁、明亮、轻快便是它的外部特征。勒·柯布西耶为达到上述效果，还提出了新建筑的五点手法：立柱与底屋透空；平屋顶与屋顶花园；平面自由布置；外观自由设计；水平带形窗。

4. 注意空间组合与结合周围环境。流动空间论、通用空间论、有机建筑论和开敞布局都是具体表现。

毫无疑问，现代建筑的出现在历史上曾起过一定的进步作用。尤其是在 1919 年第一次世界大战以后，欧洲许多城市遭到战争的破坏而急需恢复，以简朴、经济、实惠为特点的现代建筑能够较快地满足大规模房屋建设的需要，不像传统建筑那样麻烦。其次是现代建筑能够适应于工业化的生产，符合新时代的精神。同时，现代建筑的艺术造型体现了新的艺术观，简洁、抽象的构图给人以新颖的艺术感受。更有意义的是现代建筑注重使用功能，用起来方便，居住舒适，比折中主义建筑只追求形式的设计方法在当时显然是前进了一大步。

但是，由于历史和认识的局限，现代建筑不可避免地还存在着某些片面性。过分强调纯净，否定装饰，已到了极端的地步，致使建筑成为冷冰冰的机器，缺乏人的生活气息。所谓形式与功能的关系，往往是相互依存、相互影响，在一定的情况下，功能是起主导作用，但并不绝对。否则，势必限制了建筑艺术的创造性，使现代建筑都变成千篇一律的方盒子。至于艺术形式与建筑技术的关系问题，值得慎重考虑，而且要适应于工业化生产的要求，这是无可非议的。但是完全脱离精神要求，忽视审美观点，一味屈从于工业生产的需求，显然会遭到愈来愈多的人的反感，于是不少建筑师逐渐冲破所谓金科玉律，探求新的创作方向。

包豪斯学派

包豪斯是一所高等建筑学校的名称，它传播的新的建筑思想使它成了欧洲现代建筑学派的奠基者。

包豪斯的前身是德国魏玛建筑学校，1919年由格罗皮乌斯将原来的一所工艺学校和一所艺术学校合并而成为这所培养新型设计人才的学校，简称为包豪斯。格罗皮乌斯担任这所学校的校长。

在格罗皮乌斯的指导下，包豪斯贯彻了一套新的教学方针与方法，它的特点是：第一，在设计中强调自由创造，反对复古与因循守旧；第二，将建筑艺术与现代工业生产结合起来，使高质量的建筑艺术作品能够通过工厂进行成批生产；第三，提倡新建筑艺术和抽象艺术结合，吸收抽象艺术的构图原则，使建筑艺术形式走向简洁、抽象的道路；第四，倡导学生既有理论知识又能进行实际操作，鼓励学生能够自己动手；第五，提倡学校教育与生产实际相结合，使师生的工艺品设计能够投入生产，也培养学生进行实际建筑工程设计的能力，使学生能及时掌握社会生产的需要，适应建筑的时代精神。

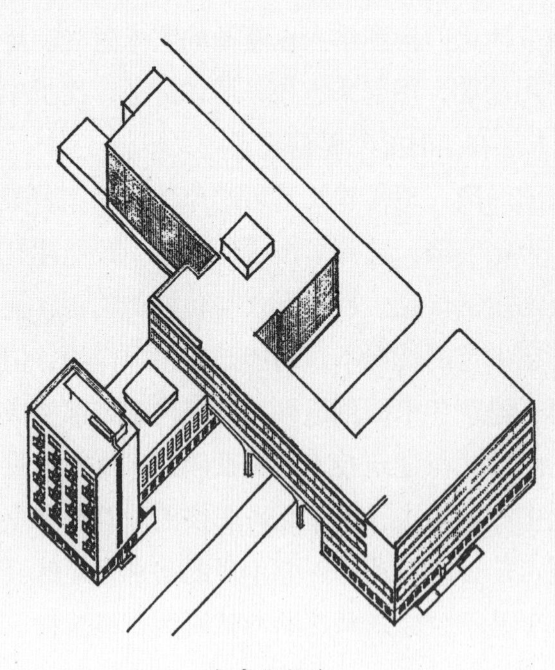

包豪斯校舍

在包豪斯的创办过程中，曾聘请了许多欧洲著名的现代建筑师与艺术家担任教师，使这所学校成为20世纪20年代欧洲最激进的建筑与艺术学派的据点之一。它培养了一代新建筑师，他们不仅在欧洲为宣传现代建筑观点起了重大作用，而且还对美国产生了广泛的影响。

1925年，包豪斯学校从魏玛迁到德绍，格罗皮乌斯为这所学校设计了一所新校舍，同时和市内另外一所职业学校放在一起，连成了一个风车形的建筑体形，整座建筑面积近1万平方米，是一座不对称的由许多功能部分组成的新颖公共建筑，它成了包豪斯现代建筑学派的示范作品。包豪斯校舍有下列一些特点：

一是建筑设计从功能出发，自内而外地进行设计，把整个校舍按功能的不同分成几个部分，然后再确定它的位置和体形。工艺车间和教室需要充足的光线，就设计成框架结构和大片玻璃墙面，位置放在临街处，使其在外观上特别突出。学生宿舍则采用多层混合结构和一个个窗洞的建筑形式。食堂和礼堂则布置在教学楼和宿舍之间，联系比较方便。职业学校则布置在单独的一翼，它和包豪斯学校的入口相对而立，而且正好在进入校区通路的两边，使内外交通很便利。

二是采用了不对称、不规则的灵活布局，其平面体形基本呈风车形，使各部分大小、高低、形式和方向不同的建筑体形有机地组合成一个整体，它有多条轴线和不同的立面特色，因此，它是一个多方向、多体量、多轴线、多入口的建筑物。具有错落对比、变化丰富的造型效果。

三是充分利用了现代建筑材料与结构的特点，使建筑艺术表现出现代技术的特点，尤其是包豪斯校舍应用平屋顶的构造方法，承重的屋顶与挑檐消失了，轻快的女儿墙使建筑物一反传统的印象，取得了新颖的艺术效果。整个造型异常简洁，它既表达了工业化的技术要求，也反映了抽象艺术的理论已在建筑艺术中得到实践。它不仅取得了现代建筑的新面貌，而且可以降低造价，相对比较经济实惠。

包豪斯校舍确实是现代建筑史上的一座重要里程碑，是现代建筑理论的具体体现。

现代建筑的新动向

近几十年来，西方建筑较诸20世纪上半叶又有显著变化。1945年第二次世界大战后，由于工业生产的增长、科学技术的进步，以及伴随而来的经济不稳定，引起了建筑界的动荡。一方面是建筑活动与建筑技术有突飞猛进的发展，建筑与科学技术紧密结合。在城市现代化发展过程中，城市规划与环境科学问题日益突出。另一方面则是建筑设计竞争加剧，建筑思潮比较混乱，艺术造型目无准则。特别是在资本主义世界陷入二战后最严重的经济危机期间，市场的萧条进一步刺激了对建筑理论的探讨，形形色色的流派层出不穷。爱因斯坦所说的“我们时代的特征是工具完善与目标混乱”，一语道破了这种窘境。

虽然西方建筑思潮在发展的巨浪中，不免会鱼龙混杂、泥沙俱下，但细细研讨，仍能总结出一些经验教训，以资借鉴。

20世纪50年代初，现代建筑思潮盛极一时，大量建筑从适用出发，倾向于盒子式的简单外形和光墙大窗，常被称为纯洁主义。原来二三十年代不少欧美建筑大师在建筑创作上所具有的鲜明个性特色，经过长期沿用和各地相互转抄，到后来已逐渐变成千篇一律的教条。尤其是战后这种僵化了的盒子式建筑，各处所见大同小异，缺乏艺术个性，使人感到枯燥单调，同时也使功能与技术的发展受到了局限。如此现状不能不引起一部分建筑师的深思：建筑应向何处去？

值得注意的是，1956年国际现代建筑协会（CIAM）第十次会议在南斯拉夫的杜布罗夫尼克召开时，一群筹备会议的青年建筑师，如巴凯马、坎迪利斯等人曾公开对僵化的建筑形式提出挑战，他们宣称要“反对机械秩序的概念”，建筑师的创作“要有个性、特征及明确的表达意图”，要注重建筑的“精神功能”，强调“今天新精神的存在”等等，从而动摇了现代建筑的基本观点，造成CIAM内部新、老两派意见的分歧。由于新派负责筹备该次会议，故新派有“十次小组”的称号。1959年，该协会第十一次会议在荷兰奥特洛召开，矛盾进一步激化，最后导致CIAM宣告解散。当然，并不是说，国际式盒子建筑在20世纪50年代以后由于反对思潮的出现就不在各地继续发展（尤其是在大量性建筑中），而应该看到的是对新建筑艺术方向的探讨在近几十年来确已成为一股强大的思潮。这股思潮有别于20世纪20年代功能主

华盛顿美术馆东馆

义者主张的现代建筑观点，因此便形成了多元论的倾向。例如悉尼歌剧院、纽约环球航空公司候机楼、华盛顿美术馆东馆、巴黎蓬皮杜艺术与文化中心等建筑都是风格独特的作品。

5. 建筑的诗意

建筑如同文章，它可以是论文，可以是散文，也可以是抒情诗。美国著名建筑师弗兰克·劳·赖特（1867—1959）就是一位杰出的浪漫主义建筑诗人，他的许多作品至今仍被视为世界重要文化遗产，他的建筑艺术始终给人以诗一般的享受。

赖特是世界现代建筑大师之一。1867 年出生在美国威斯康星州麦迪逊市的一个乡村。1888 年，他在芝加哥市进入沙利文与爱得勒的建筑事务所工作。1894 年他在芝加哥独立开业，并独立地发展美国土生土长的现代建筑。他在美国西部地方建筑自由布局的基础上，融合了浪漫主义精神而创造了富于田园诗意的“草原式住宅”，接着他便在居住建筑的设计方面取得了一系列成就。后来他提倡的“有机建筑”理念，便是这一概念的发展。

草原式住宅

草原式住宅最早出现在 20 世纪初期。它的特点是在造型上力求新颖，摆脱折中主义的常套；在布局上与大自然结合，使建筑物与周围环境融为一个整体。“草原”就是表示他的住宅设计与美国西部一望无际的大草原结合之意。

在芝加哥的郊区有大片的森林，那里是中等资产阶级建造别墅的理想地带，草原式住宅就是为了适应这一环境而设计建造的。这种住宅的平面布置常做成十字形，以壁炉为中心，起居室、书房、餐室都围绕着壁炉布置，卧室常放在楼上。室内空间尽量做到既分隔又连成一片，并根据不同的需要有着不同的净高。起居室的窗户一般都比较宽敞，以保持与自然界的密切联系。但是在强调水平体形的基础上，层高一般较低，出檐很大，室内光线是比较暗淡的。建筑物的外形充分反映了内部空间的关系，体积构图的基本形式是高低不同的墙垣、坡度平缓的屋面、深远的挑檐和层层叠叠的水平阳台所组成的水平线条，以垂直的大火炉烟囱统一起来，并且打破了单纯水平线的单调感。住宅的外墙多用白色或米黄色粉刷，间或局部暴露砖石质感，它和深色的木门木窗形成强烈的对比。在内部也尽量表现材料的自然本色与结构的特征。由于它以砖木结构为主，所用的木屋架有时就被作为一种室内装饰暴露在外。草原式住宅的内外设计都与大自然很调和，比较典型的例子有 1902 年赖特在芝加哥郊区设计的威利茨住宅，1907 年在伊利诺伊州河谷森林区设计的罗伯茨住宅，以及 1908 年在芝加哥设计的罗比住宅等。

有机建筑论

“有机建筑”是赖特倡导的一种建筑理论。根据他的解释，内涵很多，意思也很复杂，但是总的精神还是清楚的。

他认为有机建筑是一种由内而外的建筑，它的目标是整体性。意思是说局部要服从整体，整体又要照顾局部，在创作中必须考虑特定环境中的建筑性格。

他认为建筑必须与自然环境有机结合，因此他说有机建筑就是“自然的建筑”。他设计的建筑往往就好像是自然的一部分，或者像植物一样是从大自然中长出来的。这样，建筑物不仅不会破坏自然环境，而且还能为自然添色，为环境增美。

他的建筑设计在结构与材料上都力求表达自然的本色，充分利用材料的质感，以求达到技术美与自然美的融合。表达了浪漫主义的建筑艺术观。

流水别墅

赖特表现有机建筑论的典型作品就是他创作的流水别墅。流水别墅原名考夫曼别墅，房屋主人是美国匹兹堡市百货公司的老板，他在1936年请赖特为他设计的这所别墅可谓是一首被广为颂扬的建筑诗篇，建筑构思巧妙，造型奇特，房屋与自然环境互相融合，无论是远观还是近赏，都令人心旷神怡。

流水别墅位于宾夕法尼亚州匹兹堡市郊区，是一块地形起伏的丘陵山地，那里林木繁茂，风景优美，加上还有一条溪水从岩石上流下，形成跌落式瀑布，景色十分迷人。赖特就把别墅建造在这小瀑布的上方，使山溪从它的底下缓缓流去。

流水别墅

别墅造型高低错落，最高处有三层，整个建筑用一高起的长条形石砌烟囱把建筑物的各部分统一起来，也因此和周围环境有机地结合起来。建筑的主要构件均采用钢筋混凝土结构，各层均设计有悬挑的大平台，纵横交错，就像一层层的大托盘，支承在柱墩和石墙上。由于利用了现代钢筋混凝土的结构技术，挑台可以悬挑很远，因此在外观上形成一层层深远的水平线条，带有早期草原式住宅的些许遗风。建筑物的内部布置十分自由，它完全因地制宜安排所有房间的大小和空间的形状，外墙有实有虚，一部分是粗犷的石墙，一部分则是大片玻璃落地窗，使空间内外穿插，融为一体。

流水别墅与周围自然环境的有机结合是它最成功的手法之一。建筑物凌跨于溪流之上，层层交错的挑台强调了开放疏松的布局，反映了与地形、山石、流水、林木的自然结合，使人工的建筑艺术与自然景色互相对照，互相渗透，相得益彰，起了画龙点睛的作用。在建筑外形上的明显特征是一道道横墙和几条竖向的石墙，组成横竖交错的构图。尤其是石墙粗犷而深沉的色调和一道道光洁明快的灰白色钢筋混凝土水平挑台形成强烈的对比，再加上挑台下深深的阴影，更使体形丰富而生动。流水别墅是赖特的成名之作，也是有机建筑理论的示范作品，这一作品是在特殊条件下创作的。

赖特在小住宅的设计方面颇有成就，类似流水别墅的其他住宅的设计也都具有自己的特色，例如他于1911至1925年在东塔里埃森为自己设计的住宅，1937年和1948年在麦迪逊为雅各布斯设计的两座住宅，以及1938年在西塔里埃森为自己设计的工作室等，都是有机建筑理论的实践之作。这些建筑都充分表现了赖特独有的建筑艺术特色，它既是诗，也是画，更可以说是一座自然界生长出的雕刻艺术。

美国著名建筑历史学家斯卡利在评论中曾说，“赖特的一生就是致力于使人类生活具有旋律感的诗意，他的建筑艺术正是这诗意的具体体现”。因此人们常称赖特是一位浪漫主义的建筑师。赖特自己也说过：“浪漫是不朽的。机器时代的工业缺乏浪漫就只能是机器……”“浪漫”是赖特的有机建筑语言，他对浪漫的解释就是：想象力、自由形式、诗意。他分析说：“在有机建筑领域内，人的想象力可以使粗糙的结构语言变为相应的高尚的表达形式，而不是去设计毫无生气的立面和炫耀结构的骨架。形式的诗意对于伟大的建筑就像绿叶之于树木、花朵之于植物、肌肉之于骨骼一样不可缺少。”“让我们把创造性的想象力称为人类的光华，从而与一般的智力问题有所区别，它在创造性的艺术家中是最强烈、最敏感的品质，一切已形成的个性都有这种品质。”如果使这种想象力实现，建筑创作就能富有诗意，因为任何被称赞为美的艺术总是富有诗意的。

古根海姆美术馆

赖特也设计过一些公共性建筑，这些公共建筑也都别具一格，充分表现了他的想象力和创作的诗意，著名的古根海姆美术馆就是其中比较有代表性的一座。在20世纪40年代初，古根海姆先生为收藏大量现代艺术品而聘请赖特为他在纽约设计这座美术馆，但是当他最初见到赖特的构思草图时曾大吃一惊，螺旋形的美术馆使他不安，他坚持要赖特更改设计，这使赖特在实现自己理想的道路上遇到了障碍，因此他为之花费了16年的努力，到1959年才使原来的方案得以实现。

古根海姆美术馆

古根海姆美术馆内部

古根海姆美术馆的设计很奇特，内部是一个螺旋形的空间走道不断盘旋而上，顶部中央是一个大玻璃穹隆顶。外部造型直接表现了内部空间的特征，立面上也应用圆形和螺旋形的构图，窗子做成细细的一长条，嵌在螺旋线的下方，使人不注意它的存在，这样就可达到内外隔绝，避免都市嘈杂的环境，使内部形成一个独立的世外桃源。参观者进门后可以先乘电梯至展览顶层，然后沿螺旋坡道逐渐向下，直至参观完毕，又可回到底层大厅，这一奇特的构思也曾对后来某些展览馆的设计有过一定的影响。赖特在这一设计中所采用的圆与方的空间组合、螺旋形与中央贯通空间的结合，能给人一种动态感，这是赖特发挥他所追求的连续性空间理论的具体体现，也是他利用钢筋混凝土材料的可塑性进行自由创作的最大胆的尝试。

建筑的民族化与人情化

另一位著名的现代建筑大师阿尔瓦·阿尔托也对建筑的诗意作出了突出的贡献。他提倡的“建筑的民族化与人情化”的理念，至今仍在世界上具有广泛的影响。

阿尔瓦·阿尔托（1898—1976）出生于芬兰的库尔坦纳，他一生所创作的建筑都表现了独到的见解、丰富的构思、灵活的手法，以致形成他那特有的诗一般的建筑风格。根据他建筑思想的发展和作品的特点大致可以把他的创作历程分为三个阶段：第一阶段从1923年到1944年，是他创作的初期阶段，也称之为“第一白色时期”。在这个时期的创作基本上是发展欧洲的现代建筑风格，并结合芬兰的特点。作品外形简洁，多呈白色，有时在阳台栏板上涂有强烈的色彩；或者建筑外部利用当地特产的木材饰面，内部采用自由设计。第二阶段从1945年到1953年，是他创作的中期，或称为成熟时期，也称之为“红色时期”或“塞尚时期”（塞尚是19世纪后半期法国著名的印象派画家）。这时期他常喜欢利用自然材料与精细的人工构件相对比，建筑外部经常用红砖砌筑，造型自由弯曲，变化多端，且善于利用地形和自然绿化。室内强调光影效果，形成抽象视感。第三个阶段从1954年到1976年，是他创作的晚期，也被称为“第二白色时期”。这时期又再次回到白色的纯洁境界，建筑作品空间变化多，进一步表现流动感，外形构图既有功能因素，更强调艺术效果。

要真正了解阿尔托建筑的特点及其诗一般的意境，还需要从他的一些代表性作品进行分析。

帕米欧结核病疗养院

芬兰帕米欧结核病疗养院（1929—1933年）是阿尔托的成名之作。该建筑位于离城不远的一个小乡村，1928年他在设计竞赛中获头奖，表现了现代建筑功能合理、技术先进与造型活泼的设计手法，是他在第一白色时期创作的代表性作品之一。疗养院的环境幽美，周围全部绿化。平面大体可以分为一长条和二短条，中间用服务部分相串联。整个疗养院建筑顺着地势高低起伏、自由舒展地铺开，和环境结合得非常妥帖。主楼的外部以白色墙面衬托着大片的玻璃窗，最底层用黑色石块砌筑，在侧面的各层阳台上还点缀有玫瑰红的栏板，色彩鲜明清新，掩映于绿树丛中，颇使人心旷神怡。病房内部的墙面与窗帘均采用悦目的色调，以增加病人的愉快心情。建筑的结构用钢筋混凝土框架，外形如实地反映了它的结构逻辑性。在日光室部分则以六根扁柱作为主要支撑，楼板四面悬挑，外墙不承重。这种大胆尝试丝毫不逊色于20世纪50年代以后的玻璃幕墙手法。帕米欧疗养院以其亲切、明快、自由、活泼的艺术造型，成为现代建筑在20世纪30年代出现于芬兰的一朵奇葩，并因此香馥万里、声誉长传。

玛利亚别墅

为古利申夫妇设计的玛利亚别墅，建于1939年，是阿尔托的得意之作，它位于芬兰的诺尔马库城。整座建筑处理得自由灵活，空间的连续性富有舒适感。住宅的平面大体呈曲尺形，后面单独设有一个蒸汽浴室和游泳池。周围是一片茂密的树林。对着住宅入口的是餐厅，左边进入起居室，右边通向卧室。从门厅到起居室，没有设门，用几步踏步划分，导致了空间的引申。在起居室内，他把空间分为有机的

玛利亚别墅外观

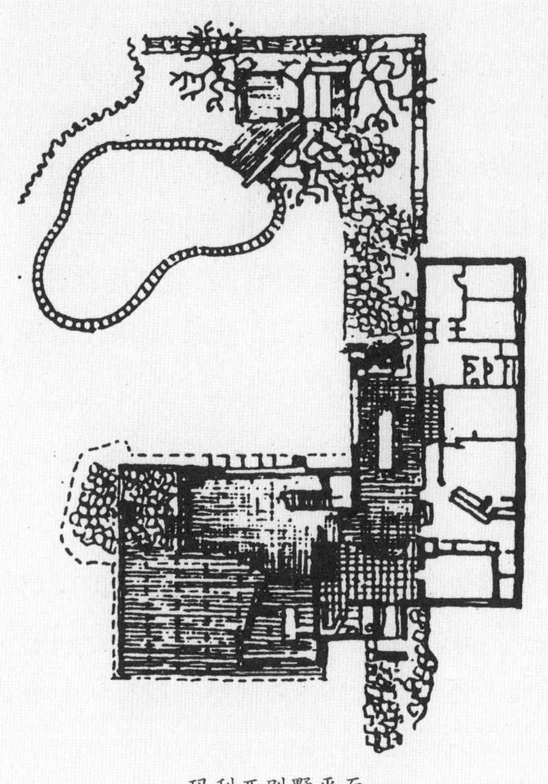

玛利亚别墅平面

两部分，一半用作会客，另一半可以安静地休息或弹琴。有趣的是这两部分并没有什么分隔，也没有地坪的高差，只是用不同的地面材料区分。对于结构承重的柱子，不论内外，均加以修饰处理，形成不同视感。建筑的外表均采用直条木材饰面，富有浓厚地方色彩。在起居室的一角开有边门可进入花园，上面有意布置成曲线雨棚和房间，使造型生动活泼，以和内部流动空间相协调。阿尔托在玛利亚别墅的设计中是煞费苦心的，从建筑设计到室内装修、家具、灯具都考虑得很周到，金属柱子的下半段缠着藤条，不致显得太冷，楼梯扶手的旁边布置有藤萝，这些都增加了回归自然的意味。阿尔托在这里所采用的空间手法、室内外绿化处理、装修及家具的细致推敲等，往往被后来人所借鉴。

贝克大楼

美国麻省理工学院学生宿舍“贝克大楼”（1947—1949 年）是阿尔托在“红色时期”的著名作品之一。整座建筑平面呈波浪形，为的是在有限的地段里使每个房间都能看到查尔斯河的景色，这种手法的思路是和他早期作品一脉相承的。七层大楼的外表全部用红砖砌筑，背面粗犷的折线轮廓和正面流利的曲线形成强烈对比，使人感到变化莫测。波浪形外观造成的动态感，多少减轻了庞大建筑体积的沉重感。贝克大楼再次显示了他设计的自由思想、独特风格和多种变异手法。

伏克塞涅斯卡教堂

位于芬兰伊马特拉城郊区的伏克塞涅斯卡教堂（1956—1958 年）是阿尔托在“第二白色时期”的著名作品之一，反映了他晚期的建筑设计风格。教堂的大厅能容 1000 人，平时根据需要可用自动化隔墙分为三个独立部分。空间处理极为复杂，从平面、外形到内部空间，所形成的各种曲线和折线的轮廓，使人感到变化莫测，既神秘而又稳重，加上入口旁边的一座高矗钟塔，不仅在构图上打破了水平线条的单调，起着强烈的对比作用，而且它象征着接近天国。教堂的外墙全部刷成白色，使圣洁之地更显纯净安详。伏克塞涅斯卡教堂已升华到雕塑艺术的领域，并饱含诗意，它的隐喻意境只有勒·柯布西耶的朗香教堂可以相比。

阿尔托对建筑人情化的探求是由来已久的。他本人的性格就是温和寡言、坚韧豪放的。作为一位建筑师，他的宗旨就是要为人们谋取舒适的环境，不论是民用建筑还是工业建筑的设计，他都不放弃这一人道主义原则。他认为工业化与标准化都必须为人的生活服务，必须要适应人们的精神要求。阿尔托曾经说过：“标准化并不是意味着所有的房屋都一模一样。标准化主要是作为一种生产灵活体系的手段，用它来适应各种家庭对不同房屋的要求，并能适应不同地形的位置，不同的朝向、景色等等。”1940 年阿尔托在美国麻省理工学院讲学时曾重点阐述过建筑人情化的观点。他说：“现代建筑在过去的一个阶段中，错误不在于理性化本身，而在于理性化不够深入。现代建筑的最新课题是使理性化的方法突破技术范畴而进入人情和心理的领域……目前的建筑情况，无疑是新的，它以解决人情和心理的问题为目标。”阿尔托对建筑人情化的表达方式是全面的，从总体环境的考虑、单体建筑的设计，一直到细部装修和家具，都考虑到人的舒适感，它包括了物质的享受和美学的要求。

综上所述，可以看出阿尔托弥补了20世纪二三十年代欧洲现代建筑唯理派的不足，使建筑创作体现了人道主义、富有情趣的艺术素养。他的作品巧妙地解决了功能、技术和造型的矛盾，手法是有机的，艺术风格具有十分动人的魅力："富有隐喻，不可预测，神秘和豪放结合，理性和反理性并存。"他是一位浪漫主义与现实主义结合的建筑诗人，但他后期的创作也不可避免地走向追求形式主义的道路，重复的波浪曲线已使人发腻。不过，他毕竟是一位对世界建筑作出巨大贡献的大师，一直关心着人类的需要，肩负着民族的期望，最懂得抓住优秀传统的精神，集中前人的智慧。他不留恋过去，而是在原有基础上不断创造和发展。总而言之，他是一个不受约束的人，他的建筑哲学与手法对世界有广泛的影响。

6. 新颖的玻璃盒子与流动空间

全部用钢和玻璃建造的建筑虽然早在1833年建成的巴黎植物园温室和在1851年伦敦的“水晶宫”展览馆中就已出现，但是在很长时期内并未得到普及。真正大量全部用玻璃做外墙来建造房屋的思潮是20世纪50年代以后出现的。

20世纪中期世界上最著名的四位现代建筑大师之一的密斯·凡·德·罗，就是钢与玻璃建筑最积极的倡导者，为玻璃盒子建筑的广泛流行作出了重大的贡献，他曾被誉为钢与玻璃建筑之王。

密斯·凡·德·罗（1886—1969）原名路德维希，姓密斯，后来为了表示对母亲的敬仰，他在父姓之后又加上了母姓。现在一般都称他为密斯·凡·德·罗，或简称密斯。

密斯出生于德国，后入美国籍。他是一位个性非常鲜明的建筑师，也是一位卓越的建筑教育家。他平时沉默寡言，考虑问题富有远见，思维逻辑严谨，工作讲究实效。

20世纪二三十年代，密斯是倡导现代建筑的主将，皮包骨的建筑是他作品的明显特征，严谨而有秩序的思想使他坚持“少就是多”的建筑设计哲学。在处理手法上，他主张流动空间的新概念，这也正是区别于旧传统的标志。密斯不仅擅长建筑设计，而且也是一名造诣很深的室内设计师，他设计的巴塞罗那椅至今仍享有盛名。密斯除了不断进行创作外，1930 至 1933 年还曾任德国包豪斯学校的校长。1938 年到美国后，又长期担任伊利诺伊理工学院建筑系主任的职务，他在包豪斯教育的基础上融合了芝加哥学派的传统，创立了密斯学派。

由于密斯作品的独特性，以及世界各地有许多密斯的学生和追随者（他们崇拜密斯的原则，并在创作中发展了他的理论），在建筑界形成了密斯风格并载入史册。密斯风格的特点是力图创造非个性化的建筑作品，于是非个性化便成了密斯风格的个性。这种风格以讲究技术精美著称，大跨度的一统空间和钢铁玻璃摩天楼就是密斯风格的具体体现。尤其是他从 1921 年开始对玻璃摩天楼进行探索，经过坚持不懈的努力，终于使光亮式的玻璃摩天楼在 20 世纪 50 年代以后成为世界最流行的一种风格。

划时代的两个玻璃摩天楼方案

在 1921 年，德国柏林钟楼公司曾主办了一个高层办公楼的设计竞赛，所需设计的建筑拟建于柏林市中心区一块三角形的地段上，靠着腓特烈大街和施普雷河，边上还有一座巨大的铁路车站。设计竞赛的任务书要求建筑布置在规定的范围内，并且三边都要有专门的出入口，建筑物的高度建议不超过 80 米。整个建筑里包括有各种不同的功能区（办公室、工作室和各种公共机构），要求各层平面要单独设计。底层平面还要包括一家咖啡馆、一家电影院、各种商店以及车库等。

在 145 份设计方案中，大多数都是中间有一座塔楼，侧面各翼低下，或者是做成从中间向外面呈阶梯状的建筑。但是其中有一份图的形状特殊，它应用了表现主义的手法，平面设计成三个锐角，外观是长而尖的大块体量，用炭笔画了一张大幅的透视图，图签上的署名为“蜂巢”。当时在评议中，马克思·伯格很赞赏这个方案，指出它“具有高度的简洁性……开阔的思路……它是对高层建筑方案富有想象力的一种尝试”。

“蜂巢”就是密斯的设计方案，虽然他的大胆创新受到赞扬，但却没能在设计竞赛中获奖。原因是密斯的设计方案未遵从主办方对功能与建筑布局要求的规定。规定要求各层平面都需按不同的功能来进行布置，但他认为所有楼层平面应该是同样的。他设计了三个几乎对称的棱柱体塔楼都有通道与中间的公共圆形核心部分相连，在核心部分设有电梯、楼梯和卫生间。整个体形与环境很适应，和美国的摩天楼迥异。结构采用钢框架和悬臂楼梯的做法，外部全包以玻璃表皮。从三角形位置的每一边都可清楚地看到两个棱柱体的边，它们由深而直的凹槽分开，并且再由浅凹槽把每一个边分成两个面，而这两个面都微微向内倾斜。伯格评论说："平面没有完全符合建筑物多功能的要求。如果它只意味着是一座仓库，这也许可以解释房间为什么这样设计。用玻璃做外墙，透进的阳光肯定是太多了。"

虽然伯格并不了解密斯为什么要这样做，但他的看法是对的。可以有足够的理由设想当时德国的经济情况是不可能允许建造这样的建筑的。密斯的这个设计与其说是一个实际的建筑作品，还不如说是一个建筑宣言，是一种富有想象力的尝试。对于密斯以后的创作来说，没有一个比他这第一个现代设计方案更具有特征的了。

密斯的这个设计竞赛方案对后来建筑的发展有很深的影响，尤其是建筑立面造型的突然升起，以及建筑表皮的玻璃幕墙都在高层建筑设计中开创了先例。密斯应用玻璃幕墙的方法不仅是为了表示建筑物形式的简洁，而且是充分利用了这种材料的最大优越性，同时在这个方案中通过立面的锐角和钝角的生动错综排列，使它可以获得反射的效果。密斯的这个腓特烈大街高层办公楼方案明显地受到了表现主义崇拜纯净思想的影响，同时也暗示了战后玻璃摩天楼实现的可能性。

1922年，密斯设想了一座新的玻璃摩天楼方案，它无业主，无特殊的功能要求，也无实际的地段，而且比腓特烈大街摩天楼方案更为大胆与抽象，是一座完全用玻璃外皮做成的自由平面塔楼。

他设想中的塔楼高30层，相对来说较为细长，平面表示在一处不规则五边形的地段上，位于两条宽马路的交叉点处。密斯在这里布置的自由平面塔楼由三个曲线形的平面所组成，每个都包含一个不同大小的门厅。三个曲线形平面中有一个在尽端采用了尖角和一边直线，其余全是曲线。这三个体形都用深凹槽互相分开，有两个入口通向巨大的前厅，在前厅的两端各有一个圆形的服务核心，其中包括电梯、楼梯与卫生间，旁边还有值班室。这座玻璃摩天楼因无特殊的功能要求，所有楼层平面都做成同样的大空间，只不过表示了框架柱的位置。

在这个方案中，柱子和几何形布置系统已由变形虫似的平面所取代，本身所有合理的规则都消失了。因此不难看出密斯在这里并没有对实际的结构感兴趣，他首先想到的只是形式。虽然他的建筑模型很美，但很难付诸实践，因为各层楼板太薄，加之在空调系统尚未应用的条件下，不考虑通风措施，确实存在不少问题。

密斯醉心于玻璃美学的可能性，把发扬技术美信奉为他的建筑哲学，并以极大的热情来对待玻璃材料。他曾在《早上的光》这篇文章中，大力提倡玻璃外表的效果，他说："我尝试用实际的玻璃模型帮助我认识玻璃的重要性，那不在于光和影的效果，而在于丰富的反射作用。"

密斯后来参加了"十一月学社"艺术团体，1922 年这座玻璃摩天楼模型首次在大柏林艺术展览会的"十一月学社"部分展出，受到了广泛的注意。

湖滨公寓

密斯第一次把全玻璃外墙设计变成现实是 1948 至 1951 年兴建的芝加哥湖滨路 860~880 号公寓姊妹楼，这是一对在 20 世纪具有深刻影响的高层建筑。它们的比例修长，26 层高，平屋顶，玻璃墙面，成为新摩天楼的原型。即使在 20 世纪 80 年代中期，反对密斯和现代主义呼声日高的时候，在世界范围内还有相当一部分高层建筑仍然采用湖滨公寓的处理手法。

在湖滨路的这块地段上，密斯布置了两座长方形平面的大楼，它们互相之间成曲尺形相连。每座公寓大楼的平面为 3×5 开间，每开间均为 21 英尺见方。大楼的结构由框架组成，其目的是尽可能明显地表现结构的特性。支柱和横梁组成了立面构图的基调，中间再由窗棂分隔，每开间有铝合金窗框四樘，都呈长方形。为了打破建筑表面的平淡，密斯在窗棂和支柱外面又焊接了工字钢，以加强建筑物的垂直形象。底层的墙体退在支柱的后面，目的是为了形成一圈敞廊。湖滨路的这两座塔楼平面呈长方形，布局紧凑，但在总体上却采用了风格很不对称的几何构图。860 号楼短边朝东，880 号楼短边朝北，它们之间用一层高的钢结构敞廊连接起来。

随着这两座公寓塔楼的完工，密斯积累了适应美国社会需要的建筑经验，这是在其原有建筑哲学基础上的进一步发展。他的愿望终于实现了，例如高层建筑的形式来自结构；将建筑还原到结构要素，以表达他充满时代精神的探索，等等。湖滨公寓体现了时代的技术精神，这种精神在他以后的十几年建筑生涯中不断地反映出来。

公寓楼附加的工字钢不仅有加固窗棂的作用，而且还能取得美学的效果。但密斯自己说，他最初采用这种手法，是因为如果没有它，建筑物“看上去不直”，这明显地说明了他原来的目的是出于美观而不是结构。在他以后的许多建筑中不断地应用这一手法，实际上已经意味着将技术手段升华为建筑艺术的重要象征。那些过分强调密斯是纯客观理性的功能主义者的人需要修正一下他们的错觉了。只要看一下湖滨公寓大楼，他把长条的工字钢不仅焊在窗棂上，而且也焊在柱子外面，就知道这显然是不起结构作用的。因此，我们可以看到密斯“精神”的最根本要素是美观，是艺术，而不是理性。

从 1921 年密斯最初设计玻璃摩天楼到这时已近 30 年了，在此期间许多建筑师的努力探索，尤其是由哈里森和阿布拉莫维茨负责设计的联合国秘书处大楼（1947—1950 年），无疑都为湖滨公寓大楼开辟了道路。1947 年密斯在现代艺术博物馆的展览使他成为国际上讲求技术精美倾向的中心人物。

湖滨公寓建成后，曾在美国产生了很大的影响。在湖滨公寓中，形式的纯净与完善已经成为最高法则，其他任何因素都得从属于它。密斯以不屈不挠的精神不允许每一构件有任何偏差，包括玻璃的六面都要精确无误，这样似乎可以给人们一种深刻的印象：建筑艺术就是严格的训练，建筑艺术就是工业产品。同时从湖滨公寓上也可看到一种有趣的共生现象，那就是建筑艺术创作与建筑工业化之间取得了谅解。建筑师不仅要解决使用功能问题，而且还要使建筑有相当的质量，这种质量就是人们通称的建筑艺术表现。如果有创造性的建筑师都知道怎样正确处理建筑工业化的问题，那么建筑技术与艺术的矛盾问题就可迎刃而解了。

1952 年 SOM 建筑事务所的邦沙夫特对密斯的成就首次作出了实际的回应，设计了全玻璃的纽约利华大厦，表明湖滨公寓的处理手法同样也适用于办公楼。密斯设计的第一座高层办公楼——名声显赫的西格拉姆大厦还是在利华大厦建成 6 年以后才建成的。但他利用那段时间进一步对高层建筑的变化和改进作了努力。

流动空间与通用空间

密斯设计手法的明显特点是皮包骨的建筑和流动空间。其实，这二者是互为依存的。后者是前者的内核，而前者则为后者的形式。早在 1921 年密斯设计的玻璃摩天楼方案已经反映了这种联系，他对各层的平面布置几乎都以大空间灵活分隔作为处理的方法，这样便不致影响建筑的外表。最能表达密斯流动空间手法的作品要算是 1929 年建在巴塞罗那国际博览会的德国展览馆了。这座建筑一直被评论家与建筑师们誉为现代建筑的里程碑之一。

1928 年密斯在接到设计巴塞罗那国际博览会德国馆的任务后，考虑到既要突出产品又要表现建筑，便把这个任务分为两座建筑来设计，一座是德国馆，另一座是电气馆。电气馆以布置德国的电气产品为主要目的，是一座实用性的展览建筑，没有特殊的个性，一般不为人所知。德国馆却是一座无明确用途的纯标志性建筑，主要为了反映德国的现代精神，同时它不受材料和经济的限制，这给密斯表现他的新建筑概念提供了非常有利的条件。

这座展览馆的平面是简单的，但空间处理却很复杂。空间内部互相穿插，内外互相流动。建筑物的主要构件是一些钢柱子和用几片大理石、几片玻璃做成的外墙隔断，这些外墙自由布置，不起承重作用。在这里，流动空间的概念得到了充分的体现。除了建筑本身的必要构件之外，仅有的装饰因素就是两个长方形的水池和一个少女雕像。它

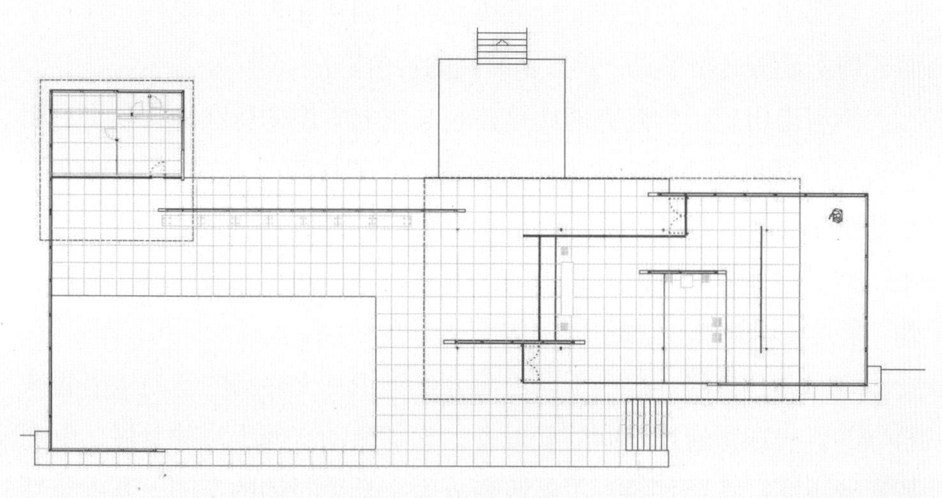

德国展览馆平面

德国展览馆外观

们都是这个建筑空间组合中不可缺少的因素。

这座建筑的美学效果除了在空间与体形上得到反映外，还着重依靠建筑材料本身的质地和颜色所造成的强烈对比来体现。地面全部用灰色的大理石，外墙面用绿色的大理石，主厅内部一面独立的隔墙还特别选用了色彩斑斓的条纹玛瑙石作材料。玻璃隔墙有灰色和绿色两种，它那明净含蓄的色调配以挺拔光亮的钢柱和丰富多彩的大理石墙面，确实显得高雅华贵，具有新时代的特色。

伊利诺伊理工学院克朗楼是建筑与规划学院的所在地，它将通用空间与玻璃盒子外形结合为一个整体。克朗楼建于1950至1956年，是密斯在校园内的代表作。建筑基地为一长方形，面积为120米 ×220米，上层内部是一个没有柱子的大通间，四周除了几根钢结构支柱之外，全是玻璃外墙。里面可供400多名学生使用，包括绘图房、图书室、展览室和办公室等。这些不同的部分都是用一人多高的活动木隔板来划分的，表现了通用空间的新概念，它是流动空间手法的发展。下面是半地下室，按照传统，用隔墙划分为一个个封闭的房间，其中包括车间、教室、办公室、机电设备间、贮藏室和盥洗室等，在它们的外墙一面都开有高窗。建筑的主要入口设在南面，正对州街，入口前有悬空的平台板与踏步可供上下，北面设有次要入口。

通用空间是采用静止的一统空间的构思。同时，密斯在这座建筑上还努力表现结构，使它升华为建筑艺术的新语言。在密斯对建筑物要求简洁的思想指导下，克朗楼的造型表现出与所有密斯作品共有的逻辑明晰性以及细部与比例的完美。它不但在形态美学与规模方面凌驾于校园内已有的建筑物之上，更采用了一种不同的形式，仅使用钢框架与玻璃组成建筑物外观。全部玻璃外墙都是固定的，下半截是磨砂玻璃窗，上半截为透明玻璃窗，里面有活动的百叶窗帘。所有外部钢框架与窗框都漆成煤黑色，它与透明的玻璃幕墙相配，显得十分清秀淡雅。由于建筑物所有的玻璃都是固定的，新鲜空气只得借助于地面层上的百叶透气扇进入室内。

克朗楼所采用的室内一统空间方式，除了体现密斯以不变应万变的理性主义思想以外，他还有一个想法，那就是把这座建筑变为现代意义上的中世纪手工作坊，里面容纳着老板、工人和徒弟，在一起工作、劳动和学习。他认为在这里可以把现代世界的“混乱秩序”整理得井然有序，使教师和学生们可以得到精神上的温暖，至于使用上的不便就不太考虑了。

玻璃盒子住宅的风波

密斯对理想化建筑的过分追求有时会导致与业主的严重冲突，最典型的事例表现在女医生范斯沃斯住宅的纠纷上。1953 年春，法院开庭审理了密斯告范斯沃斯和范斯沃斯告密斯两案。业主与建筑师互不相让，只得打起了一场漫长的、耗费精力的官司。

关键的问题在于到底是谁欠谁的账。这是两个个性极强的人之间力量和权力的冲撞。问题的产生和发展过程非常富有戏剧性。

1945 年，出身自芝加哥一个有名望家庭的范斯沃斯在朋友家里认识了密斯。早年，她曾献身于小提琴，因而在意大利学习过一段时间，后来她从西北大学的医学院毕业，在芝加哥开设了诊所，终于成为国内著名的肾脏病专家。她一直希望在她中年时期建造一座周末乡村别墅，她曾请教纽约现代艺术博物馆，要他们推荐一名建筑师。他们推荐的人中有勒·柯布西耶、赖特和密斯，她选择了后者，也许因为密斯是三人中最容易接近的。

委托合约于 1945 年签订，1946 年密斯设想的小住宅方案很快就已经形成，密斯把这所住宅看作是实现他理想的一次绝好机会。作为单身妇女的乡村别墅，它坐落在一块 9.6 英亩的绿地上，南面是福克斯河，位于芝加哥西面 47 英里处的普南诺地方。这样一个环境可以让建筑师随心所欲地设计。虽然密斯早已有了住宅的构想，但随后他就放松了。直到 1947 年现代艺术博物馆展出这一住宅的模型后两年，也就是 1949 年 9 月基础部分才正式动土，整个住宅直到 1951 年才竣工。

住宅的构思别具一格，它是一个全玻璃的方盒子，地板架空，从

范斯沃斯住宅

地面抬高约 5 英尺，这是为了预防洪水的泛滥。整个住宅由八根柱子支撑，每边四根，住宅两端向外悬挑。住宅平面大小为 28 英尺 ×77 英尺，北面是平缓的草地，南面是树木茂盛的河岸，门廊设在住宅的西边，宽一个开间。

看来，与其说它是一座别墅，不如说它更像一座亭阁，它获得了美学上的价值，尽管没有满足居住的私密性要求。实际上，密斯所谓的技术精美与物质功能产生了许多矛盾。在严冬季节，由于供暖系统的不平衡，大片的玻璃面凝冻；夏天，尽管南面有葱郁的糖枫林遮阴，但强烈的阳光仍把室内变成烘箱，对流不起什么作用，窗帘也没有什么效果。密斯反对在门外再装纱门，直到他受到蚊虫叮咬的痛苦后才同意范斯沃斯的主张，在门廊的天花板上装搭钩，挂上纱帘。

范斯沃斯住宅的纯净与精美是无可否认的，它与自然环境的结合也处理得极其协调。在住宅里可以从各个角度坐视外部景色的变化，它可以说是密斯具有浪漫主义意识的代表作，体现了密斯建筑的非物质化，并表达了固定的、超感官的秩序。

自范斯沃斯住宅建成以来，它已被广泛地认为是现代建筑的典范之一。同时，范斯沃斯住宅也标志着密斯后期设计的转折点——全神贯注于结构形式。的确，这所住宅是建筑史上一次难得的机遇，不论业主或委托业务本身，对建筑师均给予无限制的自由。范斯沃斯住宅这种在工字钢框架内设玻璃幕墙的处理，似乎已成为后来无数幕墙式建筑的预言。

由于范斯沃斯住宅内部需要设置服务核心，还不可能像克朗楼那样成为真正统一的空间，然而这所住宅的空间组织却具有另一番新颖效果，其开敞性似乎拥抱了整个周围环境，它虽有玻璃隔开，但那些树群与灌木丛则仿佛穿梭于室内外，使空间连成一体。基地的特点催生了这个抬高的构架，内容则促进了对建筑本质的还原。两者均促成了这独特的建筑与环境，使密斯能够获得那已成为和自己名字同义的不朽的纯净性。同时，这种住宅也只能适用于周围有大片绿化土地的空旷地段，它的造型和自然环境相配，可以相得益彰。然而对于住宅的私密性却考虑得太少了。由于这所住宅过于讲究细部处理，以致在建成后，女主人发现房屋的造价是7.38万美元，而不是预算的4万美元，这使她大吃一惊。

现在我们可以来了解这座住宅最后怎样成为密斯和业主之间产生裂痕的契机了。住宅越接近完工，他就越关心自己的理想是否转化为现实，而越不关心他与业主的关系。同时，造价也急剧上升，比原来预算4万美元增加50%以上，密斯一点都不顾及当时由于朝鲜战争而造成的通货膨胀，只管选用优质的材料和精美的施工方法。因而使范斯沃斯越来越对密斯感到不满。尽管造价上的争吵与审美趣味的分歧也很严重，但还不至于闹到感情破裂，关键的问题在于范斯沃斯感到密斯对她的人格有了损伤。

1953年春夏之交，在伊利诺伊州约克维尔镇的一个小法院里开庭审理双方的诉讼案，密斯告女主人欠了他为住宅垫付的28173美元，而范斯沃斯却说密斯还要她为工程预算再多支付33872美元。再加上许多其他的问题，双方闹得不可开交。但是最后范斯沃斯败诉了，密斯获得了一笔14000美元的补偿费。在诉讼事件结束后，建筑杂志刊登了这场官司的评论。范斯沃斯曾难过地写道：

“精彩的评论用漂亮的辞藻修饰，使头脑简单的人迫切地以一睹玻璃盒子为快。那玻璃盒子轻得像飘浮在空中或水中，被缚在柱子上，围成那神秘的空间……今天我所感到的陌生感有它的原因，在那葱郁的河边，再也见不到苍鹭，它们飞走了，到上游去寻找它们失去的天堂了。”

7. 居住机器和抽象雕塑

把房屋做成像机器和雕塑是 20 世纪 20 年代末和 30 年代在欧洲兴起的一种思潮。

著名现代建筑大师勒·柯布西耶在早期就是居住机器理论的倡导者，后期则转变为强调雕塑个性与粗犷形式的浪漫主义者。

1887 年，勒·柯布西耶出身于瑞士制表工人的家庭，少年时曾在钟表技术学校学习过。后来于 1908 年到巴黎进入著名建筑师贝瑞的建筑事务所学习建筑，1909 年又转到柏林跟随德国著名建筑师贝伦斯工作。贝瑞以善于运用混凝土闻名，贝伦斯则提倡建筑的时代性和建筑与工业技术的结合，因此他在二位老师处受益颇深，体会到建筑艺术的发展必须紧密结合科技特点，才能有强大的生命力。这使他从一步入建筑领域开始，就决定要走新建筑的道路，开创建筑的新时代。1917 年勒·柯布西耶移居巴黎，并在后来加入法国籍，现在一般把勒·柯布西耶称为法国建筑师。

走向新建筑

勒·柯布西耶在早期提倡新建筑运动，他曾于 1923 年写了一本小书，名为《走向新建筑》，内容主要是批判 19 世纪以来的复古主义与折中主义建筑思想，提倡功能主义观点，把居住建筑与机器相比，他给住宅下了一个新的定义，指出："房屋是居住的机器。"他说："如果我们头脑中清除所有关于房屋的固有概念，而用批判的、客观的观点来观察问题，人们就会得出住房机器的概念。"

他在书中极力歌颂现代工业成就。他说："当今出现了大量由新精神所孕育的产品，特别是在生产中能遇到它。"他指出轮船、汽车、飞机，就是表现了新时代精神的产品。并认为"这些机器产品有自己的经过试验而确立的标准，它们不受习惯势力和旧式样的束缚，一切都建立在合理地分析问题的基础之上，因而是经济和有效的"。他说"建筑艺术被习惯势力所束缚""传统的建筑式样是虚假的"。在这种思想指导下，他极力鼓吹用工业化的方法大量建造房屋，努力使建筑造价降低，并减少房屋的组成构件，让房屋进入工业制造的领域。

他在建筑艺术上追求机器美学，认为房屋的外部是内部的结果，平面必须自内而外地进行设计。并且认为可以用几何学来满足我们的眼睛，用数学来满足我们的理智，这样就能得到良好的艺术效果。他还在书中写道："建筑艺术超出实用的需要，建筑艺术是造型的东西。""建筑师用形式的排列组合，实现了一个纯粹是他精神创造的程式。"从上述论点中，我们可以看到他既是理性主义者，又是一位浪漫主义者。在他的前期作品中，理性主义占主要地位；在晚期作品中，则表现出更多的浪漫主义倾向。

萨沃伊别墅

萨沃伊别墅是勒·柯布西耶应用居住机器和抽象雕塑理论的代表性作品之一。它建于1928至1930年，位于巴黎近郊的一块开阔地段。住宅平面约为22.50米 ×20米的方块，全用钢筋混凝土结构。底层三面均用独立柱子围绕，中心部分有门厅、车库、楼梯和坡道等。二层为客厅、餐厅、厨房、卧室和小院子。三层为主人卧室和屋顶花园。勒·柯

萨沃伊别墅

布西耶在这里充分表现了机器美学观念和抽象艺术构图手法。他把住宅就当成是一个抽象雕塑进行处理，长方形的上部墙体支撑在下面细瘦的立柱上，虚实对比非常强烈，他提倡的新建筑五点手法也在这里得到了充分展示。虽然住宅的外部相当简洁，而内部空间却相当复杂，它如同一个简单的机器外壳中包含有复杂的机器内核。他的这种手法曾对后来的现代建筑发展产生了一定的影响。

马赛公寓大楼

马赛公寓大楼建于 1946 至 1952 年，这是勒·柯布西耶的居住机器理论在战后的新发展。这座公寓大楼可容纳 337 户共 1600 人左右。地点在法国马赛市。建筑物长 165 米，宽 24 米，高 56 米，地面以上高 17 层，其中 1~6 层和 9~17 层是居住层，共有 23 种不同的户型。建筑为钢筋混凝土结构。内部平面布置采用跃层式，这是他最早的创造性尝试，各户均有自己的小楼梯上下，而且客厅空间较高，通二层。每三层有一条公共走廊，减少了不少交通面积。大楼的七八层为商店和服务设施用房。在第 17 层和屋顶上设有幼儿园和托儿所，屋顶上还

马赛公寓大楼

设有儿童游戏场和小游泳池。此外，屋顶上还有供成人用的健身房和电影厅等。日常居民生活所需设施基本齐全。大楼的外表是粗混凝土形式，不加粉刷，既有粗犷感觉，又增加了坚实新颖的效果。在窗格的内侧面还涂有不同的鲜艳色彩，可以减少一些沉重的气氛，相对有一点活泼的感觉。这座建筑是最早的粗野主义作品之一。

朗香教堂

朗香教堂建于1950至1953年，地点在法国孚日山区的一座小山顶上，周围是河谷和丘陵山地。这是一座规模很小的天主教堂，但是它却是一座影响极大的建筑艺术杰作。它是勒·柯布西耶作品中的一颗明珠。

朗香教堂是勒·柯布西耶的设计风格在二战后转变为浪漫主义倾向的最有力的证明。教堂的平面很奇特，所有墙体几乎全是弯曲的，有一面还是斜的，表面是粗混凝土，墙面上开有大大小小的窗洞，这些可能是吸取了抽象雕塑艺术的构思。教堂的屋顶则相对比较突出，用钢筋混凝土板做成，端部向上弯曲，好像把船底放在墙体上。整个屋面自东向西倾斜，西头有一个伸出的混凝土管子，让雨水排出后落

朗香教堂

到地上的一个水池里。在建筑的最端部有一个高起的塔状半圆柱体，既使体形增加变化，又象征着传统教堂的钟塔。教堂造型的古怪形状，根据勒·柯布西耶的解释是有一定道理的，他认为这种造型象征着耳朵，以便让上帝倾听到信徒的祈祷。这表明勒·柯布西耶在设计这座建筑时已应用了象征主义的手法，同时更表现了抽象雕塑的形式和粗野主义的风格。

朗香教堂平面

此外，在小教堂的屋顶与墙身之间留了一道水平缝隙，中间只用几根立柱支承，于是便在内部屋顶下形成一圈光带，使沉重的屋顶好像飘在空中，更增加了宗教的神秘气氛。

朗香教堂不仅意味着勒·柯布西耶创作思想的转变，而且也标志着20世纪50年代以后当代建筑将走向多元化和强调精神表现。

8. 摩天楼的奇迹

在中世纪时，世界各地虽然都出现过 100 米以上的高塔，但都只不过是作为装饰和标志物。真正的高层建筑是随着近代电梯的发明而诞生的。

为什么在近现代会出现如此众多的高层建筑呢？这是有它内在原因的。第一，由于近现代城市人口高度集中，市区用地紧张，地价昂贵，迫使建筑不得不向高空发展；第二，高层建筑占地面积小，在既定的地段内能最大限度地增加建筑面积，扩大市区空地，有利城市绿化，改善环境卫生；第三，由于城市用地紧凑，可使道路、管线设施相对集中，节省市政投资费用；第四，在设备完善的情况下，垂直交通比水平交通方便；第五，在建筑群布局上，高低相间，点面结合，可以改善城市面貌，丰富城市艺术；第六，在资本主义国家，垄断资产阶级为了显示自己的实力与取得广告效果，彼此竞相建造高楼，也是一个重要因素。当然，高层建筑的单位造价要比多层建筑高一些，这就要根据具体情况来进行分析比较了。

高层建筑的概念，目前我国是指高度在 24 米以上或 8 层以上的建筑，但是这个概念世界上并不统一，有许多国家认为 9 层和 9 层以上才算高层建筑，40 层以上算超高层，或称之为摩天楼。

高层建筑的发展过程

自从 1852 年奥蒂斯在美国发明了安全载客的升降机以后，高层建筑的建造才有了可能。此后，高层建筑的发展大致可以分为两个阶段：

第一个阶段是从 19 世纪中叶到 20 世纪中叶，随着电梯系统的发明与新材料新技术的应用，城市高层建筑不断出现。1911 至 1913 年在纽约建造的渥尔华斯大厦，已达到 52 层，高 241 米。在落成典礼时，有记者报道说，仰望渥尔华斯大厦高耸的塔楼，犹如插入云霄，真可谓是“摩天大楼”！此后，摩天楼一词便广为流传，用以形容高层建筑的高矗壮观。1931 年在纽约建造了号称 102 层的帝国大厦，高 381 米，在 20 世纪 70 年代前一直保持着世界最高的纪录。

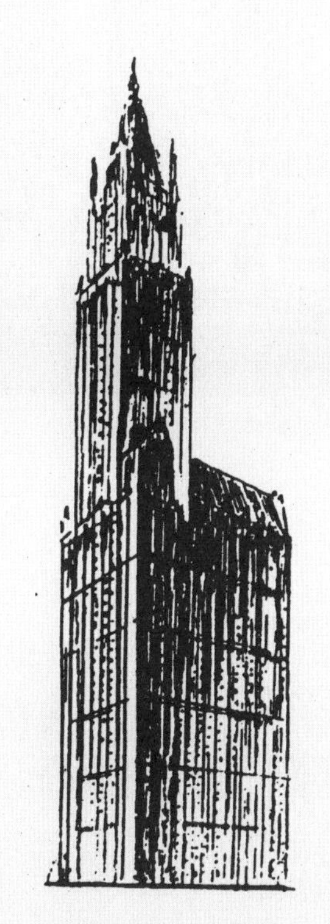

渥尔华斯大厦

帝国大厦

联合国秘书处大厦

帝国大厦

第二个阶段是在20世纪中叶以后，特别是20世纪60年代以后，随着资本主义经济的上升，以及发展了一系列新的结构体系，使高层建筑的建造又出现了新的高潮，并且在世界范围内逐步开始普及，从欧美到亚洲、非洲都有所发展。总的来看，近些年来，高层建筑发展的特点是：高度不断增加、数量不断增多、造型新颖，特别是办公楼、旅馆等公共建筑尤为显著。

世界贸易中心

纽约世界贸易中心是世界上最著名的一组高层建筑群，共由两座并立的塔式摩天楼及四幢7层办公楼、一幢22层的旅馆组成，建造时间是1969至1973年。两座塔式摩天楼均为110层，另加地下室6层，地面以上建筑高度为411米。建设单位为纽约港务局，设计人是雅马萨奇。两座高塔的建筑面积达120万平方米，内部除垂直交通、管道系统外均为办公面积与公共服务设施。建筑总造价为7.5亿美元。

高塔平面为正方形，每层边长均为63米，外观为方柱体。结构全部由外柱承重，9层以下外柱中距为3米，9层以上外柱中距为1米，窗宽约0.5米，这一系列互相紧密排列的钢柱与窗过梁形成空腹桁架，即框架筒的结构体系。核心部分为电梯的位置，它仅承受重力荷载。由于这两座摩天楼体形过高，虽在结构上考虑了抗风措施，但仍不

世界贸易中心

能完全克服风力的影响，设计顶部允许位移为900毫米，即为高度的五百分之一，实测位移只有280毫米。两座建筑因全部采用钢结构，共用去19.2万吨钢材。两座大厦的玻璃如以每块50厘米宽计算，总长度达104千米。建筑外表用铝板饰面，共计20.4万平方米，这些铝材足够供9000户住宅做外墙。在地下室部分设有地下铁道车站和商场，并有四层汽车库，可停车2000辆。每座塔楼共设有电梯108部，其中快速电梯23部，每分钟速度达486.5米，每部可载客55人；另有分层电梯85部。

设备层分别在第7、8、41、42、75、76、108、109层。第110层为屋面框架层。高空门厅设在第44层及78层，并有银行、邮局、公共食堂等服务设施。107层是个营业餐厅。其中一座大厦的屋顶上装有电视塔，塔高100.6米。另一座大厦屋顶开放，可供游人登高游览。

这两座建筑可供5万人办公，并可接待8万来客。经过20年使用后，发现有许多不便之处，主要是人流拥挤，分段分层电梯关系复杂。同时，由于窗户过窄，在视野上一般反映不够开阔。事实说明，这样的高楼设计并不是从解决实际功能出发的，而只是起了商标广告作用而已。但是，在这里也可以看到进行了一些建筑艺术处理，如底下9层开间加大，上部采用哥特式连续尖券的造型，因此有人称它为20世纪70年代的“哥特复兴”。（编者注：这两座塔式摩天楼于2001年9月11日被恐怖分子驾机撞毁）

芝加哥　西尔斯大厦

西尔斯大厦

在1998年以前，西尔斯大厦是世界上最高的摩天楼，建于1970至1974年，由史欧姆建筑事务所设计。建筑总面积为41.8万平方米，总高度443米，达到了芝加哥航空事业管理局规定房屋高度的极限。建筑物地面上110层，另有地下室3层。

这座塔式摩天楼的平面为束筒式结构，9个75英尺（22.9米）见方的管形平面拼在一个225英尺（68.6米）见方的大筒内。建筑物内有两个电梯转换厅（高空门厅），分设于33层与66层，有五个机械设备层。全部建筑用钢76000吨，混凝土55700立方米，高速电梯102部，并有直通与区间之分。这座建筑的外形特点是逐渐上收，1~50层为9筒组成的正方形平面，51~66层截去对角，67~90层再截去二角成十字形，91~110层由两个管形单元直升到顶。这样既在造型上有所变化，又可减少风力影响。实际上大楼顶部由于风力作用而产生的位移仍不可忽视，设计时顶部风压定为约3.5kN/m^2，设计允许位移为建筑物高度的五百分之一，即900毫米左右，实测位移为460毫米。西尔斯大厦的出现，标志着现代建筑技术的新成就，也是美国垄断资产阶级实力的反映。

钢筋混凝土的高层建筑

世界贸易中心和西尔斯大厦都采用钢结构体系。目前，钢筋混凝土结构在高层建筑中也得到很大的发展，例如1974年建造的美国休斯敦市贝壳广场大厦，是52层钢筋混凝土套筒式结构，高217.6米。1976年在芝加哥落成的水塔广场大厦，76层，另有地下室2层，整座大厦高度达260米，结构亦采用套筒式。

近些年来，国外构筑物的高度也有了惊人的增长。1962年在莫斯科建造的电视塔，采用钢筋混凝土结构，圆形平面，高度达到532米，曾是20世纪70年代前世界最高的构筑物。1974年在加拿大多伦多建造的国家电视塔，高度达到548米，取代莫斯科电视塔而成为当时世界最高的构筑物。这座电视塔的平面为Y形，钢筋混凝土结构，在顶部还设有400人的餐厅，并可容纳1000人参观。20世纪80年代初在波兰华沙建造的一座新电视塔，高度达到645. 33米。

欧洲和亚洲的高层建筑

在欧洲，高层建筑也得到一定的发展，其中意大利米兰城在1955至1958年建的皮瑞里大厦可作为早期欧洲代表，平面为梭形。这座建筑把30层楼板挂在四排直立的钢筋混凝土墙板上，而不采取传统的框架形式。1969至1973年在法国巴黎也建成了58层（另有6层地下室）的曼恩·蒙帕纳

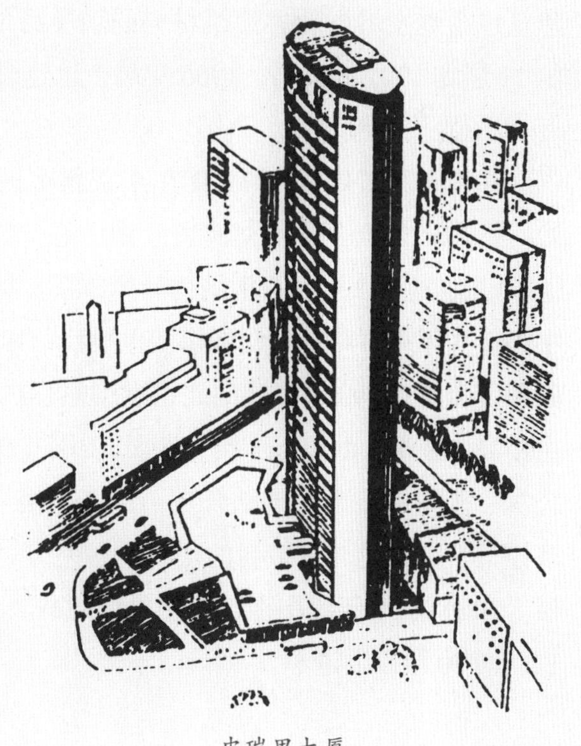

皮瑞里大厦

三井大厦

斯大厦，高229米的办公楼，总面积为11.6万平方米。在英国，高层建筑也得到发展。随着建筑材料的轻质高强，英国已有用砖砌体建成的11层到19层的公寓。1966年瑞士也建成18层砖墙承重的公寓，墙厚都不超过38厘米。

在亚洲，日本于1974年在东京新宿区建成三井大厦，55层，高228米。1979年建成东京池袋区副中心“阳光大楼”，高240米，地上60层，地下3层，为钢结构套筒体系。新加坡也建有52层的大楼。中国近些年高层建筑的发展速度也很快，1986年初已在深圳建成54层的国贸大厦。1990年建成的北京京广中心总建筑面积达145047平方米，主楼高208米，由地下3层、地面51层及9层附属裙楼组成，把办公、公寓、豪华饭店有机地结合在一起。主楼采用新颖别致的扇形玻璃幕墙设计，它曾是北京最高的建筑。1993年落成的广州国际大厦达到63层。20世纪90年代中期，中国设计的高层建筑不仅数量大，而且高度也已向80层以上进军。

9. 神奇的大空间屋顶

19 世纪后期，大空间建筑在世界上已有了很大成就，1889 年巴黎世界博览会上的机械馆就是一例，它采用了三铰拱的钢结构，使跨度达到 115 米。20 世纪初，随着金属材料的进步与钢筋混凝土的广泛应用，大空间建筑有了新的进展。1912 至 1913 年在布雷斯劳（即今波兰弗罗茨瓦夫）建成的百年大厅，采用钢筋混凝土肋料穹隆顶结构，直径达 65 米，面积 5300 平方米。

20 世纪 30 年代以后，尤其是在第二次世界大战后的几十年中，大空间建筑又有了突出的成就。它主要用于展览馆、体育馆、飞机库等一些公共建筑。

大空间建筑的发展，一方面是由于社会的需要，另一方面也是因为新材料与新结构提供了技术上的可能性，使大空间的理想得以成为现实。在近一段时期内，不仅钢材与混凝土提高了强度，而且新建筑材料的种类也大大增加了，各种合金钢、特种玻璃、化学材料开始广泛应用于建筑，为大跨度建筑轻质高强的屋盖提供了有利条件。大空间建筑的屋顶结构，除了传统的梁架或桁架屋盖外，比较突出的则是新创造的各种钢筋混凝土薄壳结构、折板结构、悬索结构、钢网架结构、钢管结构、张力结构、悬挂结构、充气结构等。这些新结构形式的出现与推广，象征着科学技术的进步，也是社会生产力突飞猛进发展的一个标志。

为了适应工业生产与人们生活的需要，大跨度建筑的外貌已逐渐打破人们习见的框框，愈来愈紧密地与新材料、新结构、新的施工技术相结合，朝着现代化、科学化的道路前进。大空间建筑发展的另一趋势，则是覆盖空间越来越大，甚至设想覆盖一块地段，或整个城镇，以便形成人造环境。

钢筋混凝土薄壳结构

利用钢筋混凝土薄壳结构来覆盖大空间的做法越来越多，屋顶形式也多种多样。由意大利工程师奈尔维设计，在 1950 年建造的意大利都灵展览馆就是一波形装配式薄壳屋顶；1957 年建造的罗马奥运会的小体育宫是网格穹隆形薄壳屋顶。1960 年完成的纽约环球航空公司航空站的主厅屋顶则是用四瓣薄壳组成。1963 年在美国建成的伊利诺伊大学会堂，圆形平面，共有 18000 个座位，屋顶结构为预应力钢筋混凝土薄壳，直径为 132 米，重 5000 吨，屋顶水平推力由后张预应力圈梁承担。造型如同碗上加盖，具有新颖的效果。1958 至 1959 年在巴黎西郊建成的国家工业与技术中心陈列大厅，是分段预制的双曲双层薄壳，两层混凝土壳体的总厚度只有 12 厘米。壳体平面为三角形，每边跨度达 218 米，高出地面 48 米，总的建筑使用面积为 90000 平方米。此外，应用钢丝网水泥结构，已可使薄壳厚度减小到 1~1.5 厘米，1959 年建造的罗马奥运会的大体育宫的屋盖便是采用波形钢丝网水泥的圆顶薄壳。

折板结构

折板结构在大空间建筑中的应用也有发展。比较著名的例子如 1953 至 1958 年在巴黎建造的联合国教科文组织的会议大厅的屋盖，这是奈尔维工程师的又一杰作，他根据结构应力的变化将折板的截面由两端向跨度中央逐渐加大，使大厅顶棚获得了令人意外的装饰性的结构韵律，并增加了大厅的深度感。

钢网架结构

钢网架结构是大空间建筑中应用得最普遍的一种形式。1966年在美国得克萨斯州休斯敦市用钢网架结构建造的一座圆形体育馆，它的直径达193米，高度约64米。1976年在美国路易斯安那州新奥尔良市建造了当时世界上最大的体育馆，圆形平面直径达207.3米，屋顶为钢网架结构，内部空间可容纳观众9万多人。20世纪70年代末在美国底特律的韦恩县建立了一座体育馆，圆形平面，直径达266米，曾是世界上跨度最大的建筑。

钢管结构

国外还有利用短钢管或合金钢管拼接成的平面桁架、空间桁架或

蒙特利尔世界博览会美国馆

网状穹隆顶等。这种钢管结构的特点是结构与施工方便。目前用来建造体育馆、展览馆、飞机库的颇多。1967 年加拿大蒙特利尔世界博览会上的美国馆就是一个直径为 76.2 米的球体网架结构，设计人是美国结构工程师富勒。球体网架外表全用塑料敷面，并可启闭，夜间内外灯火相映，整个球体透明，也别开生面。

悬索结构

由于钢材强度不断提高，在 20 世纪 50 年代以后，国外已开始试用高强钢丝悬索结构来覆盖大跨度空间。这种建筑最初是受悬索桥的启发。由于主要结构构件均承受拉力，以致外形常常与传统的建筑迥异，同时由于这种结构在强风引力下容易丧失稳定，因此应用时技术要求较高。1953 至 1954 年美国罗利市的牲畜展览馆就是这类建筑早期著名的实例之一。屋顶是一双曲马鞍形的悬索结构，造型简洁、新颖。它的试验成功，使这种新结构形式在大空间建筑中得到了进一步的推广。

1964 年日本建筑师丹下健三在东京建造的奥运会代代木游泳馆与小体育馆（球类比赛馆），又使悬索结构技术与造型有所创新，不仅技术合理，造型新颖，而且平面适合于功能，内部空间经济，可以节省空调费用，同时还隐喻一定的民族特点。游泳馆平面为蚌壳形，主要跨度 126 米，能容纳观众 15000 人。小体育馆平面呈圆形，并有喇叭形的入口，内部可容纳 4000 人。

张力结构

现代建筑在悬索结构基础上进一步发展了钢索网状的张力结构。这种结构轻巧自由，施工简易、速度快。例如 1967 年蒙特利尔世界博览会上由古德伯罗和奥托设计的西德馆就采用了钢索网状的张力结构，屋面用特种柔性化学材料敷贴，呈半透明状，远看犹如蜘蛛网一般。后来在其他地方也经常采用这种结构方法。

悬挂结构

国外又试用悬挂结构来建造大跨度建筑，基本原理与悬索桥相同。如1972年在美国明尼苏达州明尼阿波利斯市建造的联邦储备银行就采用了悬索桥式的结构，把11层的办公楼建筑悬挂在83.82米跨度的空中。同年，慕尼黑奥运会的游泳馆则采用悬挂与网索张力结构相结合的做法。

活动屋顶

美国匹兹堡的公共会堂兼体育馆是一个活动屋顶的著名大空间例子。它建于1961年，具有多种功能作用。平面为圆形，直径127米，内部具有9280个固定座位。它的特点是半球形的钢屋顶可以自由启闭，圆屋顶下有凹槽与墙身上的圈梁相连接，顶部中央有轴心固定在三足悬臂支架上。整个圆形屋顶由8个大小相似的叶片组成，6个活动的和两个固定的，按下电钮之后，6个活动叶片会缩至两个固定叶片上面，这样就可以变成露天体育场了。

充气结构

随着化学工业的发展，许多国家开始用充气结构来构成建筑物的屋盖或外墙，多作为临时性工作或大空间建筑之用。充气结构可分为气柱式与气承式二种。气柱式犹如儿童玩具，气承式则是在建筑物内加上一定的气压，使屋顶飘浮在上空，同时四周门窗必须紧闭，靠人工通风控制室内气压高低。充气结构使用材料简单，一般用尼龙薄膜、人造纤维或金属薄片等，表面常涂有各种涂料，这种结构可以达到很大的跨度，安装、充气、拆卸、搬运较为方便。

美国常采用薄膜气承结构做大型体育馆的屋盖，典型的例子如1975年建造的密歇根州庞提亚克体育馆，跨度达168米，可容观众

80400 人，薄膜气承屋面覆盖 3.5 万平方米，是当时世界上最大的充气建筑。它备有电子报警系统，如遇漏气或损坏能自动反应，便于及时修理。

综上所述，我们可以看到大空间建筑的数量越来越多，结构类型越来越复杂，它们的造型已大大地超出了我们传统的观念了，往往使我们在惊叹之余，不能不钦佩当代科学技术的进步和建筑艺术的新成就。

10. 世界建筑艺术往何处去

20 世纪 50 年代以后，世界建筑艺术思潮的总趋势是朝多元化方向发展，战前现代建筑单一纯净的风格受到了严重的冲击。所谓多元化，在建筑领域中是指风格与形式的多样化，这种趋向的目的是要求获得建筑与环境的个性及明显的地区性特征。

地区性的特征不仅表现为地理因素（地形、地貌、地质、环境、气候等）的影响，而且要求反映民族、生活、历史和文化的背景。长期以来，人们对泛滥了的国际式方盒子建筑已感到厌倦，留恋起故乡的山山水水和村镇的特色。因此，“要回家”“要自由”的呼声非常强烈，这也就是多元化在二战后迅速发展的缘由。如果追溯渊源，早在 20 世纪 30 年代，芬兰著名建筑师阿尔托就主张建筑走“民族化”和“人情化”的道路；美国建筑大师赖特曾提倡建筑的“有机性”。但是，在当时都只不过是一种流派，并未能左右现代建筑沿国际式道路的发展。然而，如今情况不同了，小小溪水已汇为浩浩江河，成为不可抗拒的潮流了。建筑风格表现多样化的个性在 20 世纪 50 年代以后非常突出，许多建筑师挣脱了精神枷锁，突破了现代建筑观点的禁锢，大胆创新，于是形形色色的流派竞相出现，以求业主的青睐。

多元化的表现非常之多，常见的流派有：粗野主义、新古典主义或典雅主义、隐喻主义、高技派、光亮式、建筑电讯派、新陈代谢派、新乡土派、后现代派、晚期现代派、解构主义、新理性主义、新颖空间倾向、奇异建筑倾向等。虽然新流派名目繁多，但区分不甚严格，他们常以各种手法使人感到眼花缭乱，惊奇不已。有些建筑师朝三暮四，标新立异，本身就摇摆不定，很难以人画线；有些建筑作品也往往同时受到几种风格的影响，这只能具体分析了。

粗野主义

粗野主义是20世纪50年代较早出现的一种新思潮，它的特点是在建筑材料上保持自然本色，砖墙、木梁架都以其本身质地显露朴素美感。混凝土梁柱墙面亦任其存在模板痕迹，不加粉刷，具有粗犷风格。这种艺术作风一反过去现代建筑造型的常态，使人在看厌了机器美学之后能够换以原始清新的印象。具有粗野主义风格的建筑以勒·柯布西耶设计的法国马赛公寓（1947—1952年）和印度昌迪加尔高等法院（1952—1956年）为代表。这两座建筑完全摒弃了勒·柯布西耶本人在二战前的功能主义倾向，以大刀阔斧的手法，把建筑外形造成粗野面貌。轮廓凹凸强烈，屋顶、墙面、柱墩沉重肥大，并在表面保存粗糙水泥本色，表现了混凝土塑性造型的任意摆布。马赛公寓的窗洞侧墙上还涂有各种鲜明色彩，以取得新颖感。

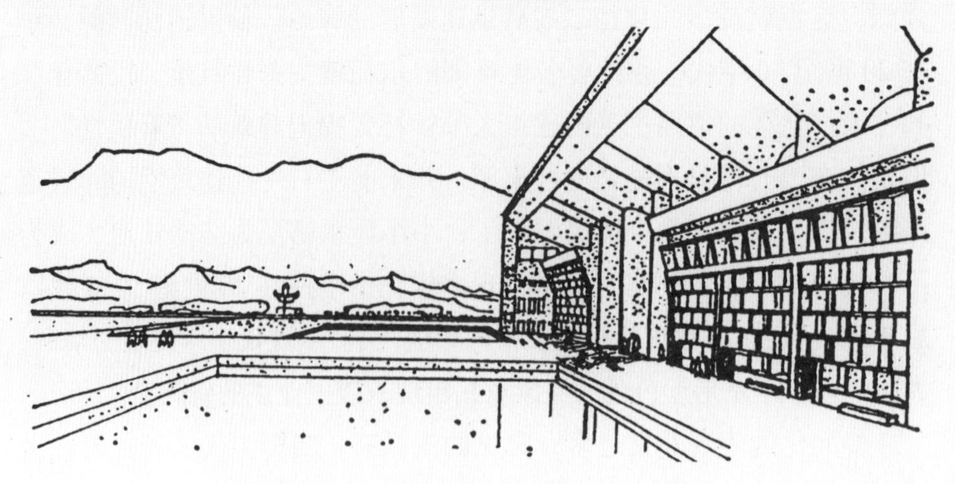

昌迪加尔高等法院

粗野主义在二战后的日本颇受赏识，不少建筑师自觉或不自觉地在建筑中受到影响，这可能是因为日本建筑界元老前川国男过去曾在巴黎勒·柯布西耶事务所学习过，二战后勒·柯布西耶又在东京上野公园建有西洋美术馆（1953—1959 年）之故。1961 年前川国男建造的京都文化会馆与东京文化纪念会馆即采用这种粗野主义的造型。

新古典主义

新古典主义也称为典雅主义，是战后美国官方建筑的主要思潮。它以吸取古典建筑传统构图为其特点，比例工整严谨，造型简洁轻快，偶有花饰，但不用柱式，以传神代替形似，是二战后新古典区别于 20 世纪 30 年代新古典的标志。由于这种风格在一定程度上能反映庄重精神，因此颇受官方赏识。新古典建筑思潮在 20 世纪 50 年代和 60 年代流传颇广，代表人物为斯东、山崎实（雅马萨奇）、密斯等人。典型实例如斯东设计的美国驻印度大使馆（1955—1958 年），平面吸取古希腊周围柱廊式庙宇的布局手法，内部还有绿化庭院，立面为水平造型，但材料新颖，构图简洁，重点部位进行装饰，颇能获取古典印象。其他如格罗皮乌斯设计的美国驻希腊大使馆（1956—1961 年）、菲利浦·约翰逊等人设计的纽约林肯文化中心一组建筑（1957—1966 年）均是此类思潮的反映。

美国驻印度大使馆

隐喻主义

隐喻主义又称象征主义，有暗示联想之意，使某些特殊性建筑所要表现的个性极为强烈，在满足功能的基础上，艺术造型的重要性往往居于首位。隐喻或象征有多种手法，具体象征易于从造型上为人理解，抽象象征则寓意于方案的联想了。埃罗·萨里宁设计的纽约环球航空公司候机楼（1956—1960年）和伍重设计的悉尼歌剧院（1957—1973年）都是具体象征的例子。

环球航空公司候机楼将建筑外形做成飞鸟状，给民航飞机以显著标记；钢筋混凝土的多瓣形壳体屋盖，在机场建筑上亦有新颖效果。

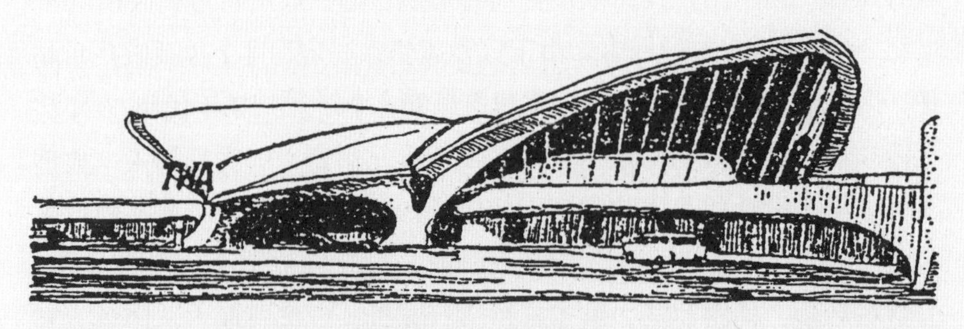

环球航空公司候机楼

悉尼歌剧院

伍重的悉尼歌剧院设计在1956年方案竞赛中获奖，主要取其造型富于诗情画意，远看犹如群帆归港，又似百合花怒放，在风光旖旎的海滨，怎么不使人浮想联翩，心旷神怡？然而，悉尼歌剧院的建造是经历了一番风波的，原方案设计了九只悬臂壳体，虽外观不凡，但结构与施工却绝非易事。为此，伍重曾多方奔走以求实现，结果还是不得不将壳体结构改为分段预制肋架做成，显得较为厚重，造型近似原来面貌，却不如原来轻盈潇洒。悉尼歌剧院建筑面积为8.8万平方米，内部主要包括有2700座的音乐厅、1550座的歌剧场和一个420座的小剧场，以及其他大小房间900多个。悉尼歌剧院从1957年定案开始技术设计到1973年10月落成，前后历时约17年。

德国建筑师沙龙为柏林设计的爱乐音乐厅（1956—1963年），则是用抽象手法表现象征的一例。沙龙把它设计成象征乐器的内部，观众厅的空间酷似一个乐器的大共鸣箱，外墙蜿蜒曲折，高低起伏，使人处处获得音乐节奏的联想，同时空间的灵活自由布置，亦使功能、音响、灯光以及造型艺术取得成功效果，为现代建筑设计开辟了新的领域。

爱乐音乐厅

新乡土派

新乡土派是注重建筑构思结合地方特色与适应各地区人民生活习惯的一种倾向。它继承了芬兰建筑师阿尔托的主张并加以发展。这种思潮不仅在芬兰继续传播，而且在20世纪70年代以后广泛影响到英、美、日等国以及第三世界国家。新乡土派思潮曾在英国的居住建筑中风靡一时，那些清水砖墙、券门、坡屋顶、老虎窗与自由空间的组合，成了传统砖石建筑造型与现代派建筑构思相结合的产物。这种风格既有别于历史式样，又为大众所熟悉，获得艺术上的亲切感。

这种思潮的代表性作品是1965至1967年由芬兰第三代建筑师仁玛·皮蒂拉在赫尔辛基的奥坦尼米所设计的芬兰学生联合会“第波利”大厦。建筑结合自然环境，把平面做成自由舒展的布局，造型利用砖木材料本色，并在建筑四周叠自然岩石，衬托于茂密的树林之中，反映了强烈的地方风格。因为在“森林之国”芬兰，人们向往的是木材之家！

新乡土思潮在日本早已流行，它是在发扬民族传统的思想基础上应运而生的。1962年在罗马建造的日本学院，由吉田五十八设计，外观富有日本传统茶室的造型效果，并有和风庭园衬托。这种建筑风格

芬兰学生联合会“第波利”大厦

在日本新市政厅大厦中亦广为应用，可能是对民族传统与现代化建筑手段相结合的尝试。

光亮式

光亮式亦称银色派，它是当前欧美流行得较广的一种建筑思潮。这种建筑风格以大片玻璃幕墙为其特征，著名实例如 1952 年建的纽约利华大厦，1956 至 1958 年建的纽约西格拉姆大厦，1973 年建的波士顿汉考克大厦，1976 年由波特曼设计的亚特兰大市桃树中心广场上的 70 层旅馆，1977 至 1978 年建的底特律广场旅馆 73 层的主楼等等。这种玻璃大厦的外墙往往采用镜面玻璃或半透明的有色玻璃，在阳光照耀下闪烁发光，有轻盈剔透的效果，可谓是现代建筑国际式风格的新发展。这种建筑便于工业化生产与装配，同时以其显示结构逻辑呈现出轻快、闪光、透明的新貌，因而逐渐风行世界。

光亮式的玻璃摩天楼首先出现于美国，然后在欧洲、南美洲等地亦不断得到传播。由于玻璃大楼墙面的透明、反射与镜面像影往往给街道上的汽车驾驶带来困难，加上风格的程式化，缺乏地方特色，近年来也遭到不少非议。然而，这种形式能反映工业化时代的特点，体现新的艺术观，并能有隐身、像影变化等效果，因此世界各地仍有不少追随者。

高技派

高技派是在建筑造型风格上注重表现高科技的倾向的流派。这种倾向起源很早，1851 年出现的伦敦水晶宫，1889 年建造的巴黎埃菲尔铁塔和机械馆都是在建筑上表现新技术的先驱者，20 世纪上半叶逐渐销声匿迹。20 世纪 60 年代这股思潮重新活跃，并在理论上极力宣扬机器美学和鼓吹新技术的美感。于是各种钢架、混凝土梁柱、玻璃隔断以及五颜六色的管道都不加修饰地暴露出来。其目的首先是说明新材料、新结构、新设备与新技术比传统优越，新建筑设计应该考虑技术的决定因素；其次是说明新时代的审美观应以新技术因素作为装饰题材；再次是认为功能可变，结构不变，一幢建筑可以存在百年以上，而使用功能在漫长的岁月中必然会有所发展，因此表现技术的合理性和空间的灵活性，既能适应多功能的需要，又能达到机器美学的效果。建筑电讯派是这一思潮的激进派，他们甚至认为只要可以解决建筑的使用功能，在造型艺术上表现设备与结构应该超过表现房屋本身。这些新结构、新材料、新设备就是高技派所要表现的技术美。

最能代表这一思潮的例子是1976至1977年建成的巴黎蓬皮杜艺术与文化中心，设计人为意大利建筑师皮阿诺和英国建筑师罗杰斯。它位于巴黎市中心偏北，建筑平面为长方形，48米 ×166米，6层，高42米。建筑总面积为103305平方米。内部包括美术展览馆，各种美术、音乐、戏剧活动室、研究室，商店，等等，功能甚为复杂，而整座建筑四周则全由玻璃幕墙围护。为了保持室内空间的完整性，钢结构构架与各种设备管道全暴露在建筑外部，加上透明塑料覆盖的自动电梯从底到顶曲折上升，形成化工厂外貌。室内隔墙不到顶，随使用功能的变化而灵活隔断。楼层天花钢架亦不加遮蔽，使内外呈现同一风格。

蓬皮杜艺术与文化中心

蓬皮杜艺术与文化中心问世以来，引起了各国建筑界的强烈反响，议论纷纷。有的喝彩，欢呼建筑艺术的重大革新；不少建筑师也不禁斥之为对建筑艺术的破坏，是与古老巴黎市容不相称的。

探求共享空间与新颖空间的倾向

在公共建筑内部创造共享空间是一种新的倾向。公共活动部分往往空间相互交错、穿插，而且分散流通，尤其倾向于把室外空间引入内部，使室内大厅呈现四季花木繁茂景象。美国建筑师波特曼是这一手法的卓越创造者。按照他的观点，创造新颖空间效果需要考虑七点手法：1. 既有规律，又有变化；2. 动态；3. 水；4. 人看人；5. 共享的空间；6. 自然；7. 照明、色彩与材料。体现他这些论点的例子如1974年在旧金山建造的海亚特旅馆，1977年建造的洛杉矶好运旅馆，1977至1978年建造的底特律广场旅馆等。这几座旅馆内部都有带玻璃顶棚的庭院，四周空间变化复杂，设施多样，景物宜人。那里有五颜六色的商店橱窗、回廊阳台，有树木花草、雕刻、喷泉和潺潺流水，还有装饰特别的电梯，露明在外，运动于光怪陆离的空间之中，令人仿佛置身于童话世界。

贝聿铭是创造新颖空间较有成就的另一位建筑师，他在华盛顿国家美术馆东馆的设计中表现了高度的技巧。自1969年接受任务书到1978年6月1日东馆建成开幕，前后共10年时间。馆址选择在国会前林荫广场的一侧，用地呈梯形，面积3.64万平方米，西边紧邻1941年建造的旧馆。为了使新馆既适应地形，又与旧馆的新古典建筑形式相协调，贝聿铭大胆地将东馆平面分成两个三角形，一个直角的，一个等腰的，二者再由一个有玻璃顶棚的公共大厅组合成整体，达到与周围环境吻合的目的。他按功能的要求，把等腰三角形的部分设计为展览馆，直角三角形的部分用作研究部。建筑物总高7层，另有2层地下室，所有房间或公共空间的平面全呈三角形或棱形构图，空间序列穿插交错，造成复杂含混的视觉效果。在大厅和某些公共空间还种植树木，引进室外自然气氛。东馆的外观也不落俗套，既有水平庄重的古典风度，又有新颖构图变化，19 度的研究部尖角锋利逼人。起伏强烈的外形、深凹的入口，则使人感到愕然和敬佩。这些艺术手法的渲染力确实达到了美术馆设计的预期效果。

后现代主义

后现代主义是反现代主义的一种思潮。它最先兴起于 20 世纪六七十年代的美国，主张建筑要吸取历史传统，用新技术来表达变形装饰，并要把历史装饰题材符号化，表达一种隐喻或象征的精神，以丰富建筑的意义，这样便能使专家与大众都感兴趣，它是一种新时期的激进折中主义。

后现代主义建筑思潮的代表人物有美国建筑师文丘里、穆尔和格雷夫斯等人。文丘里作为后现代主义的理论家，他曾在 1966 年写过一本书，名叫《建筑的复杂性与矛盾性》；1972 年他又和两个人合写了

栗子山住宅

一本书，叫《向拉斯维加斯学习》。这两本著作是后现代主义建筑的宣言书，主要指导思想是赞成兼容而不排斥，重视建筑的复杂性；提倡向传统学习，在历史遗产中挑选；提倡建筑形式与内容分离，用装饰符号来丰富形式语言，强调双重译码。

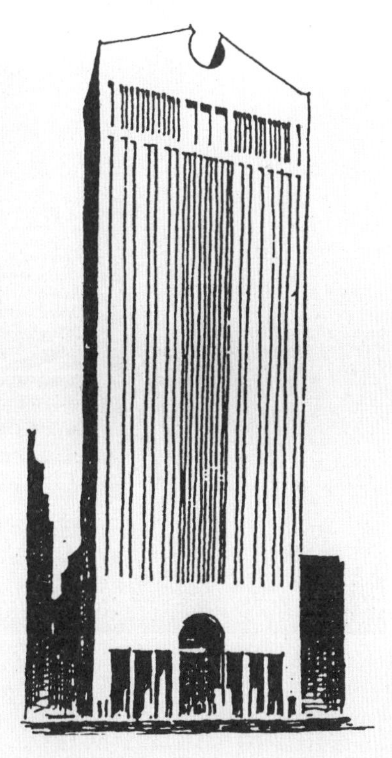

纽约电报电话公司总部大楼

后现代主义建筑的作品很多，比较著名的有文丘里设计的美国费城栗子山住宅（1962 年）、穆尔设计的美国新奥尔良的意大利喷泉广场（1978 年）、约翰逊设计的纽约电报电话公司总部大楼（1978—1984 年）、格雷夫斯设计的美国路易斯维尔市的休曼那大厦（1982—1985 年）等。

晚期现代主义

晚期现代主义是在 20 世纪六七十年代与后现代主义同时兴起的另一种建筑思潮，它和后现代主义相反，主张当代建筑要更多地表现时代精神，更多地应用高科技手段和表现形式。晚期现代主义在主张极端科技化与技术统治论的基础上，也有一些不同的表现形式。一是在现代建筑造型基础上的革新，例如美国哈佛大学的建筑学院教学楼（1968—1970 年），在简洁抽象造型上极力表现屋顶结构的技术特征。二是光技倾向，应用精练的现代装饰语汇，以丰富空间内涵，例如旧金山海亚特旅馆（1972—1974 年），维也纳的蜡烛店（1965 年）等。三是新现代派倾向，主张在现代建筑造型基础上加上技术构件装饰，

新汇丰银行

或者用虚构架组成不同层次，以表达晚期现代空间的穿插概念。例如贝聿铭设计的香港中银大厦，建于 1984 至 1988 年；又如埃森曼设计的美国康涅狄格州莱克维尔的米勒住宅，建于 1969 至 1970 年，又称之为“住宅 3 号”。四是高技派的新倾向，在内部和外部都表现高科技特色，例如香港新汇丰银行（1980—1986 年）和伦敦劳埃德保险公司大楼（1979—1986 年）等。

解构主义

解构主义又称为解体构成派，最初出现在哲学范畴，称为消解主义，1978 年开始引入建筑领域，20 世纪 80 年代后期产生广泛影响。解构主义在建筑艺术上表现出的特点是：

1. 解构主义继承了 20 世纪初俄国的构成主义并有新的发展，主张建筑造型打破传统常规，进行解体重构，以获得新颖形式。

2. 主张共时性，可以不对环境、文脉作出反应。反对顺时性，不受传统文化影响。

3. 重视推理和随机的对立统一，强调疯狂和机会也对设计起重要影响。

4. 对现有规则的约定进行颠倒和反转，主张片断、解散、分离、缺少、不完整、无中心。现在已有一些解构主义的信奉者应用新材料、新技术在设计中使用网格互旋、点阵、构成、衍生、增减等手法进行构图，使造型产生异乎寻常的面貌。

解构主义在建筑创作中的指导思想是主张“非理性的理性”，或“理性的非理性化”。目前它在建筑创作方面大多仍停留在探讨阶段，建成的作品很少。主要代表性作品有屈米在巴黎设计的拉维莱特公园（1983 年）、哈迪德设计的香港顶峰俱乐部方案（1983 年）、埃森曼设计的住宅 10 号方案（1975—1978 年）等。

综上所述，我们可以看到，在当前多元化的世界中，建筑艺术创作也在沿着多元化的道路发展，建筑艺术的百花园正在自然科学、技术科学与人文科学的哺育下，越来越多地展现其迷人的丰姿，使人们在获得物质功能的基础上，进一步获得艺术上的享受。但是，我们也必须看到，建筑物总是受到经济、技术、功能与艺术条件的制约，建筑师并不能为所欲为，因此，大量一般性建筑还是沿着现代建筑实用的道路发展。可见，任何建筑思潮和流派最终都要经受实践的考验，在竞争中优胜劣汰。至于世界建筑艺术往何处去，尚需拭目以待！

参考书目

1. J. C. Palmes： Sir Banister Fletcher's A History of Architecture； The Athlone Press， London，1975. 18th Edition.

2. S. Giedion： Space， Time and Architecture（Fifth Edition）； Harvard University Press， 1982.

3. Charles Jencks： Architecture Today； Harry N. Abrams， Inc.，1988.

4. Thea and Richard Bergere： From Stones to Skyscrapers； Dodd， Mead and Company， N. Y. 1960.

5. Laurence G. Liu： Chinese Architecture； Academy Editions，London， 1989.

6. 刘敦桢主编：《中国古代建筑史》，中国建筑工业出版社，1980 年版。

7. 陈志华著：《外国建筑史（十九世纪末叶以前）》，中国建筑工业出版社，1979 年版。

8. 同济大学、南京工学院、清华大学、天津大学合编：《外国近现代建筑史》，中国建筑工业出版社，1982 年版。

9.［苏联］米舒林编著，王易今译：《古代世界史》，中国青年出版社，1954 年版。

10.［苏联］柯思明斯基著，何东辉译：《中世世界史》，人民教育出版社，1956 年版。

11. 迟轲著：《西方美术史话》，中国青年出版社，

1983 年版。

12. 同济大学建筑系、南京工学院建筑系合编：《外国建筑史图集（古代部分）》，1978 年版。

13. 刘先觉、武云霞著：《历史·建筑·历史——外国古代建筑史简编》，中国矿业大学出版社，1994 年版。

14. 刘先觉著：《密斯·凡·德·罗》，中国建筑工业出版社，1992 年版。

15. 项秉仁著：《赖特》，中国建筑工业出版社，1992 年版。

16.《中国大百科全书——建筑·园林·城市规划卷》，中国大百科全书出版社，1988 年版。

后记

欣闻二十多年前策划的“小蜻蜓美育丛书”之《建筑艺术的语言》，入选教育部颁布的《中小学生阅读指导目录（2020年版）》，曾经的编辑岁月、组稿经历一一浮现于眼前。

20世纪90年代中期，我在江苏教育出版社从事期刊编辑工作的同时，尝试独立策划、编辑图书。当时的苏教社，中小学师生用书、教育理论读物等产品线渐趋成熟，好书迭现。经过一段时间的观察和了解，我发现美育类图书不仅本社没有，整个业界也鲜见，于是提出了针对青少年出版一套美育丛书的选题构想。时任期刊编辑室主任的李树平老师非常支持，鼓励我放手去做，并力陈可行性，最终通过了选题论证。通过学长章俊弟老师、童强老师的引荐与帮助，很快组织了丛书分卷作者队伍，分别是王干、楚尘（《迷人的语言风景》），童强（《奇妙的色彩王国》），刘先觉(《建筑艺术的语言》),郭平(《净化灵魂的旋律》),庄锡华（《神秘的造物奇观》）。这是一个集中了作家、研究员、教授的作者团队，选题构思转化为书稿文字，开局就很顺畅。审定发排之时，艾煊先生为丛书作的总序也如约而至,丛书名与策划初衷得到了这位文坛大家的首肯。艾老认为，一个人的审美能力是需要培养的，在中小学阶段广泛开展美的教育，真正做到德、智、体、美全面发展，是必要的；美的教育是一项铸造人的灵魂的工程，一个人的鉴赏力是长期艺术修养的结晶；“小蜻蜓美育丛书”填补了青少年美育图书出版的空白，从文学、音乐、美术、建筑、自然五个方面介绍美的知识、美的情调、美的历史，作者的文字清新优美，令人在阅读的同时既收获丰富的人文知识，又得到美的享受，相信丛书出版之后会受到广大青少年读者的欢迎。

发行科传来的征订数字证明了艾老的判断，首印6000套售罄后又加印，之后数年每年仍有可观的订数，超出了我自己以及社领导最初“试试看”的预期。时隔二十余年，教育部推荐目录又选入刘先觉教授昔日撰写的《建筑艺术的语言》，更体现了这本好书的影响力和它的阅读价值。

受苏教社王瑞书总编辑之托，我辗转联系到尚在海外的童强教授，寻访已故的刘先觉教授的家人，为修订再版签订出版合同。所有知情人都为之唏嘘感慨。东南大学建筑学院副教授汪晓茜女士告知，刘教授生前常和学生们谈起，除学术专著之外，自己曾经在苏教社出版美育普及读物，为青少年了解建筑艺术常识、提高美学素养做了一点有意义的事，他为此感到很欣慰。

当初我为丛书名斟酌思量时，想到这是自己走上编辑岗位进行图书策划的试水之作，同时虑及选题已经确立的美育思路，因而取宋人诗意为之命名。如今回望，昔日的尖尖小荷早已菡萏成花，这本书超越了“小蜻蜓”的生命周期，长销不衰。感谢苏教社编辑、营销团队所做的努力，使得新版呈现出蓬勃新意。

刘先觉教授辞世一周年之际，本书再版付梓。作此后记，是为纪念。

凤凰传媒副总编辑、编审　钱元元

2020 年 7 月